2010 年水利工程质量检测员资格考试复习题集

中国水利工程协会　编

黄 河 水 利 出 版 社

图书在版编目(CIP)数据

2010年水利工程质量检测员资格考试复习题集/中国水利工程协会编.—郑州:黄河水利出版社,2010.3
ISBN 978-7-80734-635-7

Ⅰ.①2… Ⅱ.①中… Ⅲ.①水利工程-工程质量-质量检查-资格考核-习题 Ⅳ.①TV512-44

中国版本图书馆CIP数据核字(2010)第028597号

出 版 社:黄河水利出版社
地址:河南省郑州市顺河路黄委会综合楼14层　　邮政编码:450003
发行单位:黄河水利出版社
发行部电话:0371-66026940、66020550、66028024、66022620(传真)
E-mail:hhslcbs@126.com
承印单位:河南省瑞光印务股份有限公司
开本:787 mm×1 092 mm　1/16
印张:11.5
字数:200千字　　印数:1—6 100
版次:2010年2月第1版　　印次:2010年2月第1次印刷

定价:36.00元

前　言

为了帮助广大考生全面学习、理解和把握2010年水利工程质量检测员资格考试的内容与重点，掌握答题技巧，提高解题能力，顺利通过考试，中国水利工程协会组织有关专家和教授，根据《2010年水利工程质量检测员资格考试大纲》编写了本册复习题集。

本册复习题集包括2010年水利工程质量检测员资格考试大纲、公共科目和专业科目三个部分。其中专业科目又分为“岩土工程”、“混凝土工程”、“金属结构”、“机械电气”、“量测”五个专业科目。全部科目的题型均为判断题、单项选择题和多项选择题，并在书末附有参考答案。

本复习题集仅供参加2010年水利工程质量检测员资格考试应试考生复习参考。由于时间较紧，编者水平有限，书中难免有疏漏和不足之处，恳请读者批评指正。

中国水利工程协会

2010年1月

目　录

2010年水利工程质量检测员资格考试大纲

中国水利工程协会　编

二〇一〇年一月

编制说明

《2010 年水利工程质量检测员资格考试大纲》(以下简称《大纲》)由中国水利工程协会组织编写。

《大纲》以国家有关工程建设法律法规和水利部颁发的有关规章、技术标准为基础,结合水利工程质量检测实际,按照“质量检测基础知识”公共科目和“岩土工程”、“混凝土工程”、“金属结构”、“机械电气”、“量测”五个专业考试科目编写。

《大纲》对水利工程质量检测员应具备的知识和能力划分为“了解”、“熟悉”和“掌握”三个层次。了解,即要求具有水利工程质量检测有关的广泛知识;熟悉,即要求对水利工程质量检测有关知识具有深刻的理解;掌握,即要求能解决实际问题。

《大纲》为 2010 年水利工程质量检测员资格考试命题的依据,也是考生准备考试的指导性材料。

考试说明

一、考试科目

2010 年水利工程质量检测员资格考试科目设“质量检测基础知识”公共科目和“岩土工程”、“混凝土工程”、“金属结构”、“机械电气”、“量测”五个专业科目。

公共科目和专业科目单独考试、单独计分，合格成绩仅当年有效。

二、试题类型及分值

科目名称	满分	单项选择题			多项选择题			判断题		
		小计	题量	每题分值	小计	题量	每题分值	小计	题量	每题分值
质量检测基础知识	120	30	30	1	60	30	2	30	30	1
岩土工程	150	40	40	1	80	40	2	30	30	1
混凝土工程	150	40	40	1	80	40	2	30	30	1
金属结构	150	40	40	1	80	40	2	30	30	1
机械电气	150	40	40	1	80	40	2	30	30	1
量　测	150	40	40	1	80	40	2	30	30	1

三、考试时间

考试时间			科目名称
共 1 天	上午	9:00～11:00	公共科目（质量检测基础知识）
	下午	14:00～16:30	专业科目（岩土工程、混凝土工程、金属结构、机械电气、量测）

四、主要参考资料

1.《水利水电工程质量检测人员从业资格考核培训系列教材》(中国水利工程协会组织编写),其中《质量检测工作基础知识》为公共科目参考教材,其他为对应各专业参考教材。

2. 各专业工作所涉及的法律、法规、规章、技术标准,详见各专业科目考试大纲中列出的《主要参考材料目录》。

3. 当教材和目录中技术标准的内容与现行技术标准中相对应的内容不一致时,以现行有效的国家及行业技术标准为依据。

2010年水利工程质量检测员资格考试大纲

公共科目　质量检测基础知识

一、考试目的

本科目主要考查考生对水利工程试验检测工作中所涉及的法律法规、政策,以及计量认证和试验检测技术与管理等方面基础知识的了解、熟悉和掌握情况。

二、主要考试内容

(一)绪论

了解:水利水电工程质量管理的要求、检测与检验的概念。
熟悉:水利水电工程质量检测的作用、检测的依据、质量检测的特点。
掌握:质量检测的步骤和要求。

(二)计量与数据处理

了解:通用计量术语、计量的基本内容、计量的发展阶段、计量单位制、数据统计分析、离群值、置信度、置信度区间、抽样的基本概念。

熟悉:计量单位与单位制的定义、国际单位制的构成及优越性;有效数字及其运算规则;总体、样本、算术平均值、中位数、极差、标准偏差、变异系数;测量数据常用的表示方法(数值表示法、图形表示法、列表表示法);测量不确定度的来源;测量结果的正确度、精密度和准确度;有限数据的统计处理及分类;抽样方法的分类;非概率抽样的种类。

掌握:计量的分类、计量的特点;国际单位制(SI)量的名称、单位名称及单位符号;法定计量单位的定义及我国法定计量单位的基本内容;数值修约的基本概念及修约规则;显著性检验的常用方法;测量误差的定义、分类;测量不确定度的定义、分类;测量误差与测量不确定度的区别;统计量的定义;概率抽样的种类。

(三)实验室管理

了解:实验室质量管理、质量策划、质量控制、质量保证、质量改进、纠正措施、实验室资质认定、内部审核、管理评审、能力认证。

熟悉:质量管理体系文件的内容和层次划分(质量手册、程序文件、其他质量文件);管理体系文件的特点;实验室质量方针、质量目标的定义;检测环境管理;仪器设备管理;检测记录与检测报告;计量认证、审查认可的基本概念;实验室最高管理层与授权签字人;能力验证的类型。

掌握:实验室质量管理及管理体系的定义;实验室管理体系的特性;抽样与样品管理;仪器设备的定期检定;仪器设备标志管理;检测原始记录的要求;检测报告的编制、审核、批准、发送和归档、计量认证(CMA)章的正确使用,对可疑结果的处理;发送检测报告的保密要求;实验室资质认定的形式;实验室内部审核定义、步骤、不合格项及其类型;管理体系运行控制对象。

(四)法律法规

了解:计量法、计量法实施细则、标准化法、产品质量法、建设工程质量管理条例、实验室资质认定评审准则、《水利工程质量检测管理规定》(水利部令第36号)、《水利工程质量检测员管理办法》(中水协〔2009〕2号)等。

熟悉:计量法、标准化法、产品质量法、建设工程质量管理条例中有关产品质量监督检验及检测单位质量管理体系的条款;水利工程质量检测管理规定和水利工程质量检测员管理办法中涉及检测单位和检测人员的条款;水利工程质量检测单位资质等级标准;水利工程质量检测员资格注册要求。

掌握:水利工程质量检测单位资质等级、专业、类别的划分;等级证书的有效期;《水利工程质量检测管理规定》(水利部令第36号)和《水利工程质量检测员管理办法》(中水协〔2009〕2号)对试验检测活动的规定;类别、专业的划分;取得水利水电工程质量检测人员从业资格的条件和有效期;考试违规的处理。

三、主要参考材料

序号	名　　称
1	《水利水电工程质量检测人员从业资格考核培训系列教材(质量检测工作基础知识)》
2	《中华人民共和国计量法》(1985 年 9 月 6 日 中华人民共和国主席令第 28 号)
3	《中华人民共和国标准化法》(1988 年 12 月 29 日 中华人民共和国主席令第 11 号)
4	《中华人民共和国产品质量法》(2000 年 7 月 8 日 中华人民共和国主席令第 33 号)
5	《实验室资质认定评审准则》(2006 年 7 月 27 日 国认实函〔2006〕141 号)
6	《检测和校准实验室能力的通用要求》(GB/T 15481—2000)
7	《数值修约规则与极限数值的表示和判定》(GB 8170—2008)
8	《量和单位》(GB 3100 ~ 3102—1993)
9	《中华人民共和国法定计量单位》(1984 年 2 月 27 日 国务院发布)
10	《中华人民共和国计量法实施细则》(1987 年 2 月 27 日 国务院发布)
11	《建设工程质量检测管理办法》(2005 年 11 月 1 日建设部令第 141 号)
12	《水利工程质量检测管理规定》(2009 年 1 月 1 日 水利部令第 36 号)
13	《水利工程质量检测员注册管理办法》(2009 年 3 月 31 日 水建管〔2009〕190 号)
14	《水利工程质量检测员管理办法》(2009 年 2 月 1 日 中水协〔2009〕2 号)

专业科目1　岩土工程

一、考试目的

本科目主要考查考生对岩石的物理性质、力学性质及其试验检测；土的物理、化学性质指标及其测定；土工合成材料各项指标的物理意义及试验检测；地基与基础的地基承载力、地基原位测试、地基处理质量检测、基桩和防渗墙的检测的了解、熟悉和掌握情况。

二、主要考试内容

（一）岩石

1. 概述

熟悉：岩石试验相关规程规范和工程岩体分类。

掌握：岩石与岩体基本概念、水利工程岩石试验基本规定。

2. 岩块物理性质试验

了解：常见岩石的颗粒密度、块体密度指标；平衡－加压法、膨胀－加压恢复法和加压－膨胀法三种试验方法的区别等。

熟悉：岩石烘干标准、吸水时间标准及其膨胀试验稳定标准；量积法、水中称量法、密封法测定岩石块体密度的优缺点。

掌握：岩石含水率、吸水性、颗粒密度、块体密度、膨胀性、耐崩解性、抗冻性基本概念、试验方法、试验程序和试验步骤及其资料整理方法。

3. 岩块力学性质试验

了解：岩石强度理论；垫条材料和尺寸对岩石的抗拉强度的影响；断裂韧度试验方法。

熟悉：岩石高径比的规定；常见岩石的变形模量和泊松比、抗压强度指标；影响岩石抗压强度的因素；轴向拉伸法和劈裂法的优缺点。

掌握：岩石单轴压缩变形、单轴抗压强度、三轴压缩强度、抗拉强度、直剪强度、点载荷强度的基本概念、试验方法、试验程序和试验步骤及其资料整理方法。

4. **岩体变形试验**

了解:狭缝法、单(双)轴压缩法基本概念、试验方法、试验程序、试验步骤。

熟悉:承压板法岩体变形试验主要试验技术问题:边界条件的规定、承压板尺寸的规定、承压板的刚度规定、测量系统刚度的规定、变形稳定标准、温度对岩体变形测试的影响;隧洞径向加压法变形试验主要试验技术问题:试验洞直径的选择、试验加压段长度的确定、试验边界条件的确定、测量中心轴支点位置的确定、温度影响;松弛带对变形测量成果的影响。

掌握:承压板法、钻孔径向加压法、隧洞液压枕径向加压法、隧洞水压法现场岩体变形试验的基本概念、试验方法、试验程序、试验步骤;各种试验方法优缺点及其适用性;岩体变形试验成果的整理方法。

5. **岩体强度试验**

了解:结构面直剪蠕变试验的基本概念、试验方法、试验程序、试验步骤、成果整理;岩体载荷强度特征点的确定。

熟悉:岩体强度试验试件尺寸的规定、基岩面的起伏差规定、垂直载荷的施加规定、剪切载荷施加规定、剪切强度特征点的确定。

掌握:混凝土与岩体接触面直剪试验、结构面直剪试验、岩体直剪试验、岩体三轴压缩试验、岩体载荷试验的基本概念、试验方法、试验程序、试验步骤;各种试验方法优缺点及其适用性;岩体强度试验成果的整理方法。

6. **岩体应力测试**

了解:孔底应变法测试、孔径变形法测试、表面应变法测试的基本概念、测试方法、测试程序、测试步骤。

熟悉:孔壁应变法测试稳定标准;水压致裂法地应力测量原理。

掌握:岩体应力的基本概念;孔壁应变法测试、水压致裂法测试的基本概念、测试方法、测试程序、测试步骤;各种测试方法优缺点及其适用性;岩体应力测试成果的整理方法。

7. **岩石声波测试**

了解:岩石声波测试工程应用:围岩松动圈测定、大坝基础灌浆效果检测、岩体动静弹模关系、大坝建基面验收。

熟悉:影响波速测试的主要因素;岩石声波测试技术问题:波形识别、测试设备的选择、纵横波测试。

掌握:岩块声波测试、岩体声波测试的基本概念、测试方法、测试程序、测试步骤;岩石声波测试成果的整理方法。

8. **工程岩体观测**

了解:岩体表面倾斜观测、岩体应变观测、岩体应力观测、岩体声波观测的基本概念、观测方法、观测程序、观测步骤。

熟悉:监测系统布置原则;收敛位移的分配计算;岩体锚固载荷观测测力计的率定。

掌握:洞室收敛观测、钻孔轴向岩体位移观测、钻孔横向岩体位移观测、岩体锚杆载荷观测、岩体锚杆应力观测、岩体渗压观测的基本概念、观测方法、设备埋设、观测程序、观测步骤、观测稳定标准、观测成果的整理方法。

(二)土工

1. **概述**

了解:水利工程质量检测的目的和意义。

熟悉:室内土工试验的分类。

掌握:理解试验人员应掌握的知识。

2. **土的工程性质的相关知识**

了解:土的工程分类的总体思路、基本规定和特征值,研究渗透的工程意义,土的压缩机理,研究土的压缩的工程意义,研究土的抗剪强度的工程意义;膨胀土、湿陷性黄土、冻土的基本物理和力学性质。

熟悉:物理性指标的定义、含义、工程意义和计算公式及相互关系,渗透系数的测定方法,太沙基固结理论、压缩指标的测定方法,库仑强度理论、摩尔-库仑强度理论、抗剪强度的测试方法。

掌握:达西定律、达西定律的基本假设。

3. **土样取样和制备**

了解:土样取样的一般原则、采取、包装和运输中应注意的问题,土样和试样的制备目的和适用范围,土样接样、验收、贮存的程序,二氧化碳饱和和施加反压力饱和试样的方法。

熟悉:中土样接样、验收、贮存应注意的问题,试样的饱和的方法和适用条件。

掌握:土样制备程序及注意问题,原状土的制备方法,抽气饱和方法。

4. **土的物理、化学性质指标及其室内测定**

熟悉:土的物理、化学性质指标的含义、试验方法、适用范围、仪器设备、操作过程、成果整理和操作过程应注意的问题。

掌握:室内密度试验环刀法操作过程和切削方法;含水率的含义(定义)、

烘干法测定含水率方法、测定中产生误差的原因；比重瓶法测定比重的原理和注意问题；颗分试验中密度计法的原理和注意问题；液塑限联合测定法应注意的问题；击实试验中试样制备和如何控制超高；相对密度最小干密度测试的两种方法比较；化学性质指标测定中标准溶液配制应遵循的原则等。

5. 特殊土的性质指标及其室内测定

了解：特殊土（膨胀土、湿陷性黄土、冻土和分散性土）的性状、试验方法、成果整理和评判方法。

6. 土的力学性质指标及其室内测定

熟悉：土的力学性质指标测试的试验原理、试验方法、仪器设备、操作步骤、成果整理及试验中应注意的问题。

掌握：渗透试验方法的适用条件、达西定律、变水头渗透试验的步骤和影响试验成果的因素；固结试验的目的、太沙基固结方程的限制假设、标准固结试验的操作步骤、固结系数的求解等；直剪试验三种试验方法的试验步骤、固结稳定标准、破坏值的选定和直剪仪的不足等；三轴压缩试验的试验原理、三种试验方法的试验步骤、固结稳定标准、破坏值的选取，各种试验方法适用的工程条件、原状试样制备的注意点。

（三）土工合成材料

了解：土工合成材料的发展和我国应用现状、土工合成材料的工程应用、土工合成材料的基本功能。

熟悉：各项指标的物理意义、各项试验的试验原理、计量单位的应用和换算、试验成果的存档和保管。

掌握：检测依据的测试规范、各项试验的操作方法和注意事项、各项试验的记录表式与填写、试验成果的整理方法、试验报告的编写、试验仪器的保养和率定。

（四）地基与基础

1. 地基承载力

（1）地基土破坏形式。

了解：地基承载力的概念，地基土的主要破坏形式。

熟悉：地基破坏阶段，荷载沉降 $p-s$ 曲线意义。

（2）按塑性开展深度确定地基承载力。

了解：地基承载力的三种确定方法；临塑荷载（p_{cr}）概念。

熟悉:理论公式方法原理。

掌握:临塑荷载(p_{cr})计算公式。

(3)地基极限承载力的确定。

了解:地基极限荷载(p_u)概念。

熟悉:地基极限荷载(p_u)求解途径。

掌握:普朗特尔极限承载力假定条件及计算公式;太沙基极限承载力假定条件及计算公式。

(4)按规范表格确定地基承载力。

了解:地基基础的设计计算条件;地基承载力特征值(f_{ak})概念。

熟悉:规范中地基承载力特征值的确定方法。

掌握:用原位测试法确定地基承载力特征值的计算公式;按地基强度理论确定地基承载力特征值的计算公式。

2. 地基原位测试

(1)概述。

了解:土体原位测试概念;常用的地基土体原位测试方法。

熟悉:地基土体原位测试的目的及参数;土体原位测试结果应用范围;不同原位测试方法的适用性。

掌握:地基土体原位测试报告的编写。

(2)土体原位密度试验。

了解:土体原位密度试验的目的;土体原位密度主要测试方法。

熟悉:环刀法测定原位密度适用范围;环刀法所需用的主要仪器设备;灌砂法测定原位密度适用范围;灌砂法所需用的主要仪器设备;灌水法测定原位密度适用范围;灌水法测定原位密度试验所需主要仪器设备。核子射线法测定原位密度适用范围;核子射线法测定原位密度试验所需主要仪器设备。

掌握:环刀法试验步骤及注意问题;灌砂法试验步骤及注意问题;灌水法测定原位密度试验步骤及注意问题;核子射线法测定原位密度试验步骤及注意问题。

(3)土体原位渗透试验。

了解:土体原位渗透试验目的;土体原位渗透试验主要测试方法。

熟悉:试坑注水法原位测定渗透系数适用范围;试坑注水法原位测定渗透系数所需用的主要仪器设备;渗压计法测定土体渗透系数适用范围;渗压计法测定土体渗透系数所需用的主要仪器设备。

掌握:试坑注水法原位测定渗透系数试验步骤及注意问题;渗压计法测定

土体渗透系数试验步骤及注意问题。

(4)土体原位冻胀量试验。

了解:土体原位冻胀量试验目的。

熟悉:试坑注水法原位测定渗透系数适用范围;试坑注水法原位测定渗透系数所需用的主要仪器设备;渗压计法测定土体渗透系数适用范围;渗压计法测定土体渗透系数所需用的主要仪器设备。

掌握:试坑注水法原位测定渗透系数试验步骤及注意问题;渗压计法测定土体渗透系数试验步骤及注意问题。

(5)原位冻土融化压缩试验。

了解:原位冻土融化压缩试验目的及适用范围。

熟悉:原位冻土融化压缩试验所需用的主要仪器设备;原位冻土融化压缩试验步骤。

(6)原位土体剪切试验。

了解:原位土体剪切试验目的,原位土体剪切试验主要测试方法。

熟悉:现场直剪试验适用范围;现场直剪试验所需用的主要仪器设备;水平推剪试验适用范围;水平推剪试验所需用的主要仪器设备。

掌握:现场直剪试验步骤及要点,水平推剪试验步骤及注意事项。

(7)十字板剪切试验。

了解:十字板剪切试验测试目的。

熟悉:十字板剪切试验适用范围;十字板剪切试验所需用的主要仪器设备。

掌握:十字板剪切试验步骤及注意问题。

(8)静力载荷试验。

了解:静力载荷试验测试目的;静力载荷试验主要测试方法。

熟悉:平板载荷试验适用范围;平板载荷试验所需用的主要仪器设备;螺旋板载荷试验适用范围;螺旋板载荷试验所需用的主要仪器设备。

掌握:平板载荷步骤及注意问题;螺旋板载荷步骤。

(9)静力触探试验。

了解:静力触探试验测试目的。

熟悉:静力触探试验适用范围;静力触探试验所需用的主要仪器设备。

掌握:静力触探试验步骤、注意问题及成果分析。

(10)圆锥动力触探试验。

了解:圆锥动力触探试验测试目的。

熟悉:圆锥动力触探试验适用范围;圆锥动力触探试验所需用的主要仪器设备。

掌握:圆锥动力触探试验步骤、技术要求及成果分析。

(11)标准贯入试验。

了解:标准贯入试验测试目的。

熟悉:标准贯入试验适用范围;标准贯入试验所需用的主要仪器设备。

掌握:标准贯入试验步骤、技术要求及成果分析。

(12)旁压试验。

了解:旁压试验测试目的。

熟悉:旁压试验适用范围;旁压试验所需用的主要仪器设备。

掌握:旁压试验步骤、技术要求及成果分析。

(13)波速测试。

了解:波速测试试验目的;波速测试主要试验方法。

熟悉:单孔法测试适用范围;单孔法测试所需仪器设备;跨孔法测试适用范围;跨孔法测试所需仪器设备;面波法测试适用范围;面波法测试所需仪器设备。

掌握:单孔法测试试验步骤、技术要求及成果分析;跨孔法测试试验步骤、技术要求及成果分析;面波法测试试验步骤、技术要求及成果分析。

3. 地基处理及质量检测

(1)概述。

了解:地基处理目的;建筑物地基存在的问题。

熟悉:软弱地基处理对象;软弱地基处理方法。

(2)碾压法与夯实法。

了解:碾压与夯实主要处理方法。

熟悉:机械碾压法施工工艺及碾压控制标准;振动压实法适用范围及振动控制标准;重锤夯实法适用范围及夯实控制标准。

掌握:强夯法夯实机理;强夯法特点及适用范围;强夯法施工工艺及质量控制标准。

(3)换土垫层法。

了解:换土垫层法原理。

熟悉:垫层的设计要点;换土垫层法施工要点。

(4)排水固结预压法。

了解:排水固结预压法原理及适用条件;排水固结预压法主要处理方法。

熟悉:堆载预压法特点、适用范围及材料;砂井堆载预压法特点、适用范围;真空预压方法。

掌握:砂井构造及布置。

(5)挤密法和振冲法。

了解:挤密法及振冲法原理;挤密法及振冲法主要处理方法。

熟悉:挤密砂桩设计要点;挤密土桩、灰土桩的特点及适用范围;振冲法的分类及适用范围。

掌握:挤密土桩、灰土桩的构造和布置。

(6)高压喷射注浆法与水泥土搅拌法。

了解:高压喷射注浆法及水泥土搅拌法的原理。

熟悉:高压喷射注浆法分类及适用范围;水泥土搅拌法特点及适用范围。

掌握:复合地基承载力计算公式;单桩承载力计算公式。

(7)其他地基处理方法。

了解:水泥粉煤灰碎石桩(CFG桩)原理及特点;加筋土技术原理及特点;土钉墙技术原理及特点;注浆法、锚杆静压桩法、树根桩法以及坑式静压法等地基处理方法适用范围。

(8)复合地基载荷试验。

熟悉:复合地基载荷试验适用范围。

掌握:复合地基载荷试验步骤;复合地基承载力特征值的确定标准。

4. 基桩检测

(1)桩的基础知识。

了解:影响桩基承载力的因素;各类桩的类型、特点与适用条件。

熟悉:桩的分类;桩的承载机理。

(2)基桩检测概论。

了解:基桩质量检测程序;各类桩的类型、特点与适用条件。

熟悉:基桩质量检测的方法及检测目的;基桩质量检测抽样规则及抽样数量的确定。

掌握:桩身完整性分类;基桩质量检测报告的编写。

(3)基桩动测的基本理论。

了解:基桩动测的发展情况;高应变与低应变的划分;弹性波的纵向振动。

熟悉:基桩动测定义;高、低应变法的作用。

(4)桩身完整性检测。

了解:低应变法检测相关仪器和设备;声波透射法的检测仪器和设备;弹

性波的纵向振动；钻芯机设备的选择与安装。

熟悉：声波透射法检测步骤；钻芯法检测结构混凝土强度；钻芯法检测预应力混凝土强度；混凝土立方体试件强度检验评定；钻芯法检测混凝土灌注桩。

掌握：低应变法用于桩身完整性检测的检测数据分析与判定；高应变法用于桩身完整性的判定方法；声波透射法检测数据分析与判定；芯样试件制作与抗压试验以及检测数据分析与评价。

(5)单桩承载力试验。

了解：单桩竖向抗压静载试验目的和方法；单桩竖向抗压静载试验仪器设备；单桩竖向抗拔静载试验仪器设备；单桩水平静载试验仪器设备；高应变法测试桩承载力的仪器设备及安装；自平衡试桩法的仪器设备及安装。

熟悉：单桩竖向抗压静载试验中桩的极限状态和破坏模式；桩侧阻力和桩端支承力测试分析技术；单桩竖向抗拔静载试验中桩的极限状态和破坏模式。

掌握：维持荷载法用于单桩竖向抗压静载试验；维持荷载法用于单桩竖向抗拔静载试验；维持荷载法用于单桩水平静载试验；高应变法测试桩承载力的检测步骤；自平衡试桩法测试桩承载力的检测步骤。

5. 防渗墙(截渗墙)质量检测

(1)防渗墙施工技术。

了解：防渗墙施工技术在国内外的发展应用情况；目前常用的防渗墙施工方法及其原理。

熟悉：深搅法成墙质量控制；高喷法成墙质量控制；注浆法成墙质量控制；射水法成墙质量控制；抓斗法成墙质量控制；切槽法成墙质量控制；振动沉模板法质量控制。

(2)防渗墙质量检测。

了解：防渗墙质量检测技术在国内的发展应用情况；防渗墙质量检测存在的主要问题；防渗墙质量检测的一般要求。

熟悉：防渗墙质量检测方法及其主要仪器设备；防渗围井检测法原理和渗透系数计算；静力触探检测仪器组成、检测步骤及注意事项；注水试验检测步骤；测压管检测法。

掌握：防渗墙的主要无损检测方法及其工作原理；防渗墙质量检测报告的编写。

6. 锚杆(索)、土钉检测

(1)概述。

了解:锚杆、土钉支护技术的发展应用情况;锚杆构造。

熟悉:锚杆支护分类;锚杆支护原理;土钉支护类型及性能。

(2)拉拔试验。

熟悉:锚杆施工质量检测仪器。

掌握:锚杆拉拔试验;预应力锚索拉拔试验;土钉拉拔试验。

(3)锚固质量无损检测技术。

了解:锚杆无损检测仪器设备。

熟悉:锚杆无损现场检测;锚杆无损检测质量评定。

掌握:声波反射法;锚杆无损检测报告的编制。

三、主要参考材料

序号	名　　称
1	《水利水电工程质量检测人员从业资格考核培训系列教材(岩土工程类)》
	岩石
1	《水利水电工程岩石试验规程》(SL 264—2001)
2	《工程岩体试验方法标准》(GB/T 50266—99)
3	《水利水电工程地质勘察规范》(GB 50287—2006)
4	《工程岩体分级标准》(GB 50218—94)
	土工
1	《土工试验规程》(SL 237—1999)
2	《渠道防渗工程技术规范》(SL 18—2004)
3	《湿陷性黄土地区建筑规范》(GBJ 25—90)
4	《膨胀性土地区建筑规范》(GBJ 112—87)
5	《岩土工程勘察规范》(GB 50021—2001)
6	《土工试验方法标准》(GB/T 50123—1999)
	土工合成材料
1	《土工合成材料测试规程》(SL/T 235—1999)
2	《土工合成材料应用技术规范》(GB 50290—98)
3	《土工布的取样和试样准备》(GB/T 13760—1992)

序号	名　　称
4	《土工布厚度测定方法》(GB/T 13761—1992)
5	《土工布单位面积质量的测定方法》(GB/T 13762—1992)
6	《土工布及其有关产品有效孔径的测定干筛法》(GB/T 14799—2005)
7	《土工布及其有关产品宽条拉伸试验方法》(GB/T 15788—2005)
8	《土工布及其有关产品无负荷时垂直渗透特性的测定》(GB/T 15789—2005)
9	《土工布接头/接缝宽条拉伸试验方法》(GB/T 16989—1997)
10	《土工布梯形法撕破强力试验方法》(GB/T 13763—1992)
11	《土工布顶破强力试验方法》(GB/T 14800—1993)
	地基与基础
1	《水利水电工程物探规程》(SL 326—2005)
2	《水利水电工程钻孔压水试验规程》(SL 31—2003)
3	《水工建筑物水泥灌浆施工技术规范》(SL 62—94)
4	《水工预应力锚固施工规范》(SL 46—94)
5	《建筑地基基础工程施工质量验收规范》(GB 50202—2002)
6	《普通混凝土力学性能试验方法》(GB 50081—2002)
7	《混凝土结构工程施工质量验收规范》(GB 50204—2002)
8	《建筑地基基础设计规范》(GB 50007—2002)
9	《锚杆喷射混凝土支护技术规范》(GB 50086—2001)
10	《建筑地基处理技术规范》(JGJ 79—2002)
11	《建筑基桩技术规范》(JGJ 94—2008)
12	《建筑基桩检测技术规范》(JGJ 106—2003)
13	《基桩低应变动力检测规程》(JGJ/T 93—95)
14	《建筑地基基础加固技术规范》(JGJ 123—2000)
15	《基桩和地下连续墙钻芯检验技术规程》(DBJ 15－28—2001)
16	《静力触探技术标准》(CECS04:88)
17	《超声法检测混凝土缺陷技术规程》(CECS21:2000)
18	《水电水利工程锚喷支护施工规范》(DL/T 5181—2003)

专业科目2　混凝土工程

一、考试目的

本科目主要考查考生对水利工程混凝土原材料品质、性能、主要技术指标和质量检验方法；混凝土配合比设计，新拌和硬化混凝土性能及其检测方法；特种混凝土特有性能及其检测方法；水工砂浆的性能及检测；变形缝止水材料的品质及检验方法；钢筋性能检验；现场混凝土质量检测；混凝土施工质量检验与评定的了解、熟悉和掌握情况。

二、主要考试内容

（一）混凝土工程质量检测的内容和依据

了解：水工混凝土质量检测的依据。

熟悉：水工混凝土工程设计和施工特点。

掌握：水工混凝土质量检测的内容。

（二）水工材料

1. 混凝土原材料

（1）水泥。

了解：水利水电工程常用水泥品种的一般选用规则；硅酸盐水泥熟料的化学成分及矿物组成；硅酸盐水泥的凝结和硬化机理；水泥矿物组成对水泥性能的影响；水泥品种对水工混凝土主要性能的影响；硅酸盐水泥、普通硅酸盐水泥，中热硅酸盐水泥、低热硅酸盐水泥、低热矿渣硅酸盐水泥，矿渣硅酸盐水泥、火山灰质硅酸盐水泥及粉煤灰硅酸盐水泥，复合硅酸盐水泥，抗硫酸盐硅酸盐水泥，低热微膨胀水泥等系列水泥的定义、主要技术性质及应用范围。

熟悉：水利水电工程常用水泥的主要技术指标：强度等级、抗压强度、抗折强度、凝结时间、细度、安定性、氧化镁含量、三氧化硫含量、需水性、烧失量、不溶物含量、碱含量、水化热；水工混凝土常用水泥主要性能（密度、凝结时间、水化热、抗溶出性侵蚀、强度、抗硫酸盐侵蚀、抗冻性、干缩、保水性、需水性等）及适用范围与不宜应用部位。

掌握:水工混凝土常用水泥检验规则,取样方法、废品及不合格品的判定,对水泥出厂试验报告的要求、对水泥出厂交货与验收的规定;水泥的物理力学性能检测及评定方法;对试验室内温度、湿度要求及养护制度要求。按标准对试验结果进行评定,填写试验记录,编制和审核检测报告。

(2)掺合料。

了解:掺合料的定义、分类;水利水电工程主要应用的掺合料的有关规定。

熟悉:掺合料的品质及质量指标:细度、需水量比、强度比(活性指数)、游离氧化钙含量、三氧化硫含量、烧失量、密度、含水率等;掺合料品质检测项目、试验方法及评定,包括目的及适用范围、仪器设备、试验步骤、结果处理及评定。

掌握:水利水电工程常用的粉煤灰、硅灰、矿渣粉、磷渣粉等掺合料的品质及对混凝土的影响;相关标准中对掺合料的规定、试验方法,并能熟练操作;影响试验的主要因素及试验注意事项;按标准对试验结果进行评定,填写试验记录,编制和审核试验检测报告。

(3)外加剂。

了解:外加剂的基本类型和作用;水利水电工程常用外加剂对混凝土性能的影响。

熟悉:外加剂主要技术指标;掺外加剂混凝土(或砂浆)的性能;外加剂性能品质检测项目、试验方法及评定方法:取样及留样方法、减水率、泌水率比、含气量、凝结时间差、抗压强度比、抗冻性、抗渗性、坍落度增加值、坍落度损失(保留)值、膨胀率、密度、细度、氯离子含量、泡沫度、pH 值、固体含量或含水量、钢筋锈蚀快速试验、净浆流动度、砂浆流动度的测定。

掌握:相关标准中对外加剂的规定、试验方法并能熟练操作,影响试验的主要因素及试验注意事项。按标准对试验结果进行评定,填写试验记录,编制和审核试验检测报告。

(4)细骨料。

了解:细骨料的定义,水工混凝土常用细骨料的种类。

熟悉:水利水电工程对细骨料质量要求的规定;细骨料的品质检测方法:颗粒级配,表观密度及吸水率,表观密度(李氏比重瓶法),堆积密度及空隙率,含水率,表面含水率,黏土、淤泥及细屑含量,泥块含量,人工砂石粉含量,有机质含量,云母含量,硫酸盐、硫化物含量,轻物质含量,坚固性,氯离子含量,碱活性等试验。细骨料品质对混凝土性能的影响。

掌握:有关标准中对细骨料的规定、试验方法,并能熟练操作;影响试验的主要因素及试验注意事项；按标准对试验结果进行评定，填写试验记录，编制和审核试验检测报告。

(5)粗骨料。

了解：粗骨料的定义；水利水电工程中对粗骨料质量要求的规定。

熟悉：粗骨料的品质检测方法：颗粒级配，表观密度及吸水率，表面含水率，堆积密度及空隙率，含泥量，泥块含量，有机质含量，针片状颗粒含量，超逊径颗粒含量，卵石软弱颗粒含量，压碎指标，坚固性，抗磨损，岩石抗压强度及软化系数，碱活性等试验。粗骨料品质对混凝土性能的影响。

掌握：有关标准中对粗骨料的规定、试验方法并能熟练操作；影响试验的主要因素及试验注意事项；按标准对试验结果进行评定，填写试验记录，编制和审核试验检测报告。

(6)拌和与养护用水。

了解：水利水电工程对拌和用水、养护用水的有关规定。

熟悉：水工混凝土拌和与养护用水品质指标要求，它们对水泥及混凝土凝结时间、抗压强度、耐久性等性能的影响；水品质检测及评定方法：取样方法、凝结时间差试验、抗压强度比、pH值测定、不溶物测定、可溶物测定、氯离子测定、硫酸根离子测定。

掌握：相关标准中对拌和与养护用水的规定、试验方法并能熟练操作；影响试验的主要因素及试验注意事项；按标准对试验结果进行评定，填写试验记录，编制和审核试验检测报告。

(7)沥青。

了解：沥青针入度、软化点、延度的含义。

熟悉：熟悉影响针入度、软化点的因素。

掌握：沥青针入度、软化点、延度的试验操作方法。

2. 变形缝止水材料

(1)止水铜片。

了解：铜片基本物理性能及品质要求。

熟悉：止水铜片断面形状尺寸的确定；铜止水抗绕渗性能及改善措施；止水铜片的焊接方法与焊接性能。

掌握：相关标准中对紫铜片材和止水铜片焊接质量的规定、试验方法，影响试验的主要因素，试验与现场埋设的注意事项；按标准对试验结果进行评定，填写试验记录，编制和审核试验检测报告。

(2)橡胶及塑料止水带。

了解:止水带的断面型式;橡胶止水带的工作机理。

熟悉:止水带原材料的选定;止水带抗绕渗性能。

掌握:橡胶止水带品质及检验方法;塑料止水带的品质及检验方法。

(3)填料止水。

了解:温度－沉降变形缝填料止水的工作机理。

熟悉:重力式水工建筑物的温度－沉降变形缝对填料的性能要求;面板坝的混凝土面板沉降变形缝的止水填料性能。

掌握:止水填料耐水或耐溶液的稳定性试验;止水填料黏性系数的测定;止水填料的初始剪切强度的测定;止水填料动水中自愈性能测试。

3. 钢筋

了解:钢筋混凝土用钢材(钢筋、盘条、钢丝、钢绞线)定义、分类、牌号或强度等级。

熟悉:技术指标:力学性能及工艺性能、化学成分;检验和验收规定;组批规则;取样数量;复验与判定规定;检验项目、取样方法、试验方法及评定:化学成分分析、力学性能、工艺性能、表观质量(包括仪器设备、试验步骤、结果处理及评定)。

掌握:相关标准中对钢筋混凝土用钢材的规定、试验方法并能熟练操作;影响试验的主要因素及试验注意事项;按标准对试验结果进行评定,填写试验记录,编制和审核试验检测报告。

(三)混凝土性能及检测

1. 混凝土性能及检测

(1)水工混凝土配合比设计。

了解:水工混凝土配合比设计的基本原则、基本要求。

熟悉:水工混凝土配制强度的确定;配合比的计算;配合比的拌和、调整和确定。为满足不同使用环境中混凝土物理、力学、变形和耐久性的要求,对水灰比和水泥用量的规定。

掌握:常态(普通)混凝土配合比设计;碾压混凝土配合比设计;海水环境混凝土配合比设计。

(2)混凝土拌和物性能及检测。

熟悉:混凝土拌和物工作性、含气量、凝结时间、均匀性的概念;表征混凝土拌和物流动度:坍落度、维勃稠度 VB 值、工作度 VC 值、坍扩度的适用对象。

掌握:相关标准中对混凝土拌和物坍落度、含气量、工作度(VC 值)、凝结时间、均匀性等试验方法并能熟练操作,影响试验的主要因素及试验注意事项;按标准对试验结果进行评定,填写试验记录,编制和审核试验检测报告。

(3)混凝土力学性能及检测。

熟悉:水工混凝土抗压强度、抗拉强度(劈拉强度)、弹性模量(静弹性模量、剪切弹性模量、动弹性模量)、抗弯强度、抗剪强度、与钢筋握裹力等主要力学性能的基本概念和试验要求,以及试验条件对力学性能的影响。

掌握:相关标准中对混凝土试件的成型、养护、力学性能试验方法并能熟练操作,影响试验的主要因素及试验注意事项;按标准对试验结果进行评定,填写试验记录,编制和审核试验检测报告。

(4)混凝土变形性能及检测。

熟悉:水工混凝土极限拉伸、干缩、徐变、自生体积变形、温度变形等主要变形性能的基本概念与试验要求,以及试验条件对变形性能的影响;影响混凝土极限拉伸、干缩、徐变、自生体积变形、温度变形的因素。

掌握:相关标准中对混凝土变形性能试验方法并能熟练操作,影响试验的主要因素及试验注意事项;按标准对试验结果进行评定,填写试验记录,审核试验检测报告。

(5)混凝土热学性能及检测。

熟悉:水工混凝土绝热温升、比热、导热系数、导温系数、线膨胀系数等主要热学性能的基本概念;影响混凝土绝热温升、比热、导热系数、导温系数、线膨胀系数的因素。相关标准中对混凝土变形性能试验方法并能熟练操作;影响试验的主要因素及试验注意事项。

掌握:按标准对试验结果进行评定,填写试验记录,编制和审核试验检测报告。

(6)混凝土耐久性能及检测。

了解:水工混凝土抗冻性、抗渗性、抗冲磨性、抗空蚀性、抗化学反应侵蚀性、抗碳化性等主要耐久性能的基本概念;混凝土冻融破坏机理,渗透机理,抗冲磨破坏形式,发生空蚀的条件,化学反应侵蚀的分类,碳化的危害性及影响因素。

熟悉:提高混凝土抗冻性、抗渗性、抗冲磨强度、抗空蚀性、抗化学反应侵蚀、抗碳化性的措施;相关标准中对混凝土耐久性的试验方法。

掌握:相关标准中对混凝土抗渗性和抗冻性试验方法并能熟练操作,影响试验的主要因素及试验注意事项,相关标准对水工混凝土抗渗和抗冻指标的要求;抗冲磨试验方法(圆环法、水下钢球法);抗氯离子渗透性试验方法(电量法)，氯离子扩散系数试验方法(RCM 法)，砂浆氯离子含量测定方法；抗硫酸盐侵蚀试验方法；按标准对试验结果进行评定，填写试验记录，编制和审核试验检测报告。

(7)混凝土抗裂性能及检测。

熟悉：水工混凝土抗裂性影响因素，抗裂性试验方法与表达式。

掌握：提高混凝土抗裂性的措施。

2. 特种混凝土性能及检测

了解：特种混凝土的概念、分类方法。

熟悉：碾压混凝土、泵送混凝土、喷射混凝土、自流平自密实混凝土、水下不分散混凝土、膨胀混凝土、纤维混凝土、聚合物混凝土、沥青混凝土等的概况、特性和用途。

掌握：水工常用特种混凝土对原材料的要求、配合比特点；相关标准中对特种混凝土特有性能检测的规定、试验方法并能熟练操作；影响试验的主要因素及试验注意事项；按标准对试验结果进行评定，填写试验记录，编制和审核试验检测报告。

3. 水工砂浆

了解：砂浆的概念、分类方法。

熟悉：砂浆配合比计算和性能试验方法；砂浆拌和物性能(稠度、泌水率、表观密度及含气量)，砂浆力学性能(抗压强度、劈裂抗拉强度、黏结强度、轴向拉伸试验)，干缩(湿胀)试验，耐久性(抗渗性、抗冻性)；聚合物砂浆原材料、配合比和性能试验。

掌握：砂浆(含聚合物砂浆)质量标准、检验方法及评价方法。

(四)现场混凝土质量检测与评定

1. 现场混凝土质量检测

了解：水工混凝土现场检测的目的和意义；混凝土强度现场检测方法(回弹法、超声波法、超声回弹综合法、取芯法、拔出法、射钉法等)的基本原理。

熟悉：水工混凝土强度现场检测(回弹法、超声回弹综合法、取芯法)的试验及评定方法并能熟练操作；超声波法测缺陷、测裂缝的试验及评定方法；碾压混凝土现场压实度检测，层间允许间隔时间检测，层间原位直剪试验(平推法)；钢筋混凝土中钢筋位置和保护层厚度检测，钢筋半电池电位测定；混凝土结构荷载试验。

掌握：水工混凝土常用现场质量检测的质量标准、检验方法及评价方法。

2. **混凝土施工质量检验与评定**

熟悉：水工混凝土施工过程中质量控制方法；水泥和掺合料进场验收检验的检测项目和检测频率；外加剂（减水剂、早强剂、缓凝剂、引气剂、泵送剂、防冻剂、膨胀剂、速凝剂等）进场验收检验的检测项目和检测频率；骨料生产成品和出厂品质检验的检测项目和频率。

掌握：水工混凝土质量标准、检验方法及评价方法。混凝土原材料（水泥、掺合料、细骨料、粗骨料、减水剂、引气剂等）质量控制检验的地点、检测项目和频率；混凝土拌和与拌和物性能检测项目与频率，碾压混凝土现场仓内质量检验；大坝混凝土常规性能（抗压强度、抗渗等级、抗冻等级、轴拉强度和极限拉伸等）与特殊性能（碱骨料反应试验、抗侵蚀性试验、抗冲磨和抗空蚀试验等）的质量检验方法，碾压混凝土坝现场碾压试验；混凝土常规性能检验质量标准和抽检频率；钻芯取样检验项目和质量要求。

三、主要参考材料

序号	名　称
1	《水利水电工程质量检测人员从业资格考核培训系列教材（混凝土工程类）》
2	《水工混凝土试验规程》（SL 352—2006）
3	《通用硅酸盐水泥》（GB 175—2007）
4	《中热硅酸盐水泥、低热硅酸水泥及低热矿渣硅酸盐水泥》（GB 200—2003）
5	《抗硫酸盐硅酸盐水泥》（GB 748—2005）
6	《水泥胶砂强度检验方法（ISO 法）》（GB/T 17671—1999）
7	《水泥标准稠度用水量、凝结时间、安定性检验方法》（GB/T 1346—2001）
8	《水泥胶砂流动度测定方法》（GB/T 2419—2005）
9	《水泥细度检验方法 筛析法》（GB/T 1345—2005）
10	《水泥化学分析方法》（GB/T 176—2008）
11	《水泥抗硫酸盐侵蚀快速试验方法》（GB/T 749—2008 2009 年 4 月 1 日实施）
12	《水泥密度测定方法》（GB/T 208—94）
13	《水泥比表面积测定方法（勃氏法）》（GB 8074—2008）
14	《水泥取样方法》（（GB 12573—2008）
15	《用于水泥和混凝土中的粉煤灰》（GB 1596—2005）
16	《用于水泥和混凝土中的粒化高炉矿渣粉》（GB/T 18046—2008）

序号	名　　称
17	《用于水泥中的粒化电炉磷渣》(GB 6645—2008)
18	《混凝土外加剂的分类、命名、术语与定义》(GB/T 8075—2005)
19	《混凝土外加剂匀质性试验方法》(GB/T 8077—2000)
20	《混凝土外加剂应用技术规范》(GB 50119—2003)
21	《建筑用砂》(GB/T 14684—2001)
22	《建筑用卵石、碎石》(GB/T 14685—2001)
23	《固体和半固体石油沥青密度测定法》(GB 8928—2008)
24	《沥青针入度测定法》(GB/T 4509—1998)
25	《沥青软化点测定法(环球法)》(GB/T 4507—1999)
26	《沥青延度测定法》(GB/T 4508—1999)
27	《石油沥青脆点测定法(弗拉斯法)》(GB/T 4510—2006)
28	《硫化橡胶或热塑性橡胶样品和试样的制备》(GB/T 2941—2006)
29	《橡胶袖珍硬度计压入硬度试验方法》(GB/T 531—1999)
30	《硫化橡胶或热塑性橡胶拉伸应力应变性能的测定》(GB/T 528—1998)
31	《硫化橡胶、热塑性橡胶常温、高温和低温下压缩永久变形测定》(GB/T 7759—96)
32	《硫化橡胶或热塑性橡胶撕裂强度的测定》(GB/T 529—2008)
33	《硫化橡胶低温脆性的测定》(GB/T 15256—1994)
34	《硫化橡胶或热塑性橡胶 热空气加速老化和耐热试验》(GB/T 3512—2001)
35	《硫化橡胶或热塑性橡胶耐臭氧龟裂静态拉伸试验》(GB/T 7762—2003)
36	《钢筋混凝土用热轧带肋钢筋》(GB 1499.2—2007)
37	《钢筋混凝土用热轧光圆钢筋》(GB 1499.1—2008)
38	《低碳钢热轧圆盘条》(GB/T 701—2008)
39	《冷轧带肋钢筋》(GB 13788—2000)
40	《金属材料室温拉伸试验方法》(GB/T 228—2002)
41	《金属材料弯曲试验方法》(GB/T 232—1999)
42	《金属材料(薄板和薄带)反复弯曲试验方法》(GB/T 235—1999)
43	《金属材料 线材 反复弯曲试验方法》(GB/T 238—2002)
44	《金属里氏硬度试验方法》(GB/T 13313—2008)
45	《焊接接头及堆焊金属硬度试验方法》(GB/T 2654—2008)

序号	名　　称
46	《钢筋机械连接通用技术规程》(JGJ 107—2003)
47	《预应力混凝土用钢丝》(GB/T 5223—2002)
48	《混凝土结构工程施工质量验收规范》(GB 50204—2002)
49	《混凝土质量控制标准》(GB 50164—92)
50	《普通混凝土拌合物性能试验方法标准》(GB/T 50080—2002)
51	《水工混凝土水质分析试验规程》(DL/T 5152—2001)
52	《聚合物改性水泥砂浆试验规程》(DL/T 5126—2001)
53	《水工碾压混凝土施工规范》(DL/T 5112—2000)
54	《水工混凝土掺用粉煤灰技术规范》(DL/T 5055—2007)
55	《水工混凝土掺用磷渣粉技术规范》(DL/T 5387—2007)
56	《水工混凝土外加剂技术规程》(DL/T 5100—1999)
57	《水工混凝土砂石骨料试验规程》(DL/T 5151—2001)
58	《水工混凝土施工规范》(DLT 5144—2001)
59	《普通混凝土用砂质量标准及检验方法》(JGJ 52—2006)
60	《钢筋焊接接头试验方法标准》(JGJ/T 27—2001)
61	《回弹法检测混凝土抗压强度技术规程》(JGJ/T 23—2001)
62	《超声回弹综合法检测混凝土强度技术规程》(CECS 02:2005)
63	《钻芯法检测混凝土强度技术规程》(CECS 03:2007)
64	《电磁感应法检测钢筋保护层厚度和钢筋直径技术规程》(DB11/T 365—2006 北京市标准)

专业科目3　金属结构

一、考试目的

本科目主要考查考生对焊缝质量检验;防腐蚀质量检验;闸门、启闭机、压力钢管等制造质量检验、安装质量检验的要求、检测项目、检测内容、检测方法、检测工具与仪器、检测结果的评判标准和方法的了解、熟悉和掌握情况。

二、主要考试内容

(一)焊缝质量检验

了解:焊接工艺评定的内容。

熟悉:焊接的基本规定。

掌握:焊缝外观质量检验的内容、方法和要求。

(二)防腐蚀质量检验

1. 涂料保护质量检验

了解:涂料保护的一般要求,涂料选择的原则,涂装施工的工艺流程。

熟悉:表面预处理质量检验方法及检验要求。

掌握:涂料保护质量检验的内容、方法、步骤和要求。

2. 金属热喷涂保护质量检验

了解:金属热喷涂保护的一般要求,金属材料选择的原则,热喷涂施工的工艺流程。

熟悉:表面预处理质量检验方法及检验要求。

掌握:金属热喷涂保护质量检验的内容、方法、步骤和要求

(三)钢闸门质量检验

1. 闸门制造质量检验

了解:各类闸门的结构型式、制造质量检测的特点、检测依据、检测要求、检测项目、检测工具与仪器。

熟悉:铸、锻件质量检验、机加工及配合尺寸检验、埋件检验的内容、方法、要求。闸门静平衡试验。

掌握：闸门零部件制造质量检验、闸门几何尺寸检验的内容、方法、步骤和要求；拦污栅制造质量检验的内容、方法、步骤和要求。

2. 闸门安装质量检验

了解：安装质量检测的特点、检测依据、检测要求、检测项目、检测工具与仪器。

熟悉：安装控制点检验的内容、方法、要求；拦污栅安装质量检验的内容、方法、步骤和要求。

掌握：闸门安装质量检验、埋件安装质量检验、闸门无水启闭试验、闸门有水启闭调试的内容、方法、步骤和要求。

（四）启闭机质量检测

1. 固定卷扬式启闭机

了解：固定卷扬式启闭机的结构型式、检测特点、检测依据、检测要求、检测项目、检测工具与仪器。

熟悉：机架制造质量检测的内容、方法、要求；启闭机安装质量检测的内容、方法、要求。

掌握：主要机械零部件质量检测的内容、方法、步骤和要求。

2. 移动式启闭机

了解：移动式启闭机的结构型式、检测特点、检测依据、检测要求、检测项目、检测工具与仪器。

熟悉：车轮、大小车轨道的制造和安装质量检测的内容、方法、要求。

掌握：门架（桥架）整体尺寸检测、主要机械零部件质量检测、试验检测的内容、方法、步骤和要求。

3. 液压式启闭机

了解：液压式启闭机的结构型式、检测特点、检测依据、检测要求、检测项目、检测工具与仪器。

熟悉：油缸制造质量检测的内容、方法、要求；启闭机安装质量检测的内容、方法、要求。

掌握：启闭机出厂试验检测、现场试验检测的内容、方法、步骤和要求。

4. 螺杆式启闭机

了解：螺杆式启闭机的结构型式、检测特点、检测依据、检测要求、检测项目、检测工具与仪器。

熟悉:启闭机试验检测的内容、方法、要求。

掌握:启闭机主要机械零部件质量检测和启闭机安装质量检测的内容、方法、步骤和要求。

(五)压力钢管质量检验

1. 制造质量检验

了解:压力钢管制造质量检测的特点、检测依据、检测要求、检测项目、检测工具与仪器。

熟悉:材质检验、焊接质量检验的内容、方法、要求。

掌握:钢管几何尺寸检验的内容、方法、步骤和要求。

2. 安装质量检验

了解:安装质量检测的特点、检测依据、检测要求、检测项目、检测工具与仪器。

熟悉:安装控制点检验、始装节安装定位检验的内容、方法、要求。

掌握:非始装节安装质量检验、消除焊接应力检验、水压试验的内容、方法、步骤和要求。

(六)清污装置质量检测

1. 耙斗式清污机

了解:耙斗式清污机的结构型式、检测特点、检测依据、检测要求、检测项目、检测工具与仪器。

熟悉:清污机轨道、悬挂式吊轨制造安装质量检测的内容、方法、要求;清污机的空运转试验。

掌握:门架结构质量检测、主要机械零部件质量检测、空载试验检测、负载试验检测的内容、方法、步骤和要求。

2. 回转式启闭机

了解:回转式清污机的结构型式、检测特点、检测依据、检测要求、检测项目、检测工具与仪器。

熟悉:荷载限制器制造和安装质量检测的内容、方法、要求。

掌握:主要机械零部件质量检测、试验检测的内容、方法、步骤和要求;空载试验检测、负载试验检测的内容、方法、步骤和要求。

三、主要参考材料

序号	名　　称
1	《水利水电工程质量检测人员从业资格考核培训系列教材(金属结构类)》
2	《水工金属结构焊接通用技术条件》(SL 36—2006)
3	《水工金属结构防腐蚀规范》(SL 105—2007)
4	《水利水电工程启闭机制造安装及验收规范》(SL 381—2007)
5	《水利水电工程清污机型式基本参数 技术条件》(SL 382—2007)
6	《无损检测应用导则》(GB/T 5616—2006)
7	《接触式超声波脉冲回波法测厚》(GB 11344—89)
8	《橡胶袖珍硬度计压入硬度试验方法》(GB/T 531—1999)
9	《铸钢件超声探伤及质量评级方法》(GB 7233—87)
10	《钢焊缝手工超声波探伤方法和探伤结果分级》(GB 11345—89)
11	《热轧钢板和钢带的尺寸、外形、重量及允许偏差》(GB/T 709—2006)
12	《金属布氏硬度试验》(GB/T 231.1—2002)
13	《钢锻件超声波检验方法》(GB/T 6402—91)
14	《铸钢件超声波探伤及质量评级方法》(GB/T 7233—1987)
15	《通用桥式起重机》(GB/T 14405—1993)
16	《水利水电工程启闭机制造、安装及验收规范》(DL/T 5019—94)
17	《水利水电工程钢闸门制造、安装及验收规范》(DL/T 5018—2004)
18	《压力钢管制造安装及验收规范》(DL/T 5017—2007)

专业科目4　机械电气

一、考试目的

本科目主要考查考生对水力机械的材料试验，尺寸检测，安装调试，效率试验，流量测量，压力脉动、振动和噪声测量，应力测量，空蚀和磨损测量与评定，温度测量和对电气设备（包括元配件）的制造质量出厂检验，施工安装、调试过程的控制性质量检测，起动试运行阶段的综合性质量检验等的相关要求、检测项目与内容、检测方法、检测工具与仪器、检测结果及评判标准的了解、熟悉和掌握情况。

二、主要考试内容

（一）水力机械

1. 绪论

了解：水力机械质量检测的目的与意义；水力机械基本概念和分类；常用技术标准和规程规范。

熟悉：水力机械质量检测的内容；常用传感器的分类方法。

掌握：常用传感器的工作原理、测量电路与应用；传感器的性能及选用原则；常用检测仪器的使用方法与测试原理。

2. 材料试验

了解：材料性能的概念和划分；裂纹形成的原因；探伤的目的与意义；常用的无损探伤方法。

熟悉：材料强度、弹性、塑性、韧性、硬度等概念与定义；材料抗拉强度、屈服强度、弯曲及延伸率、抗冲击韧性、硬度与剪切试验的方法、性能指标以及工程意义；X射线探伤、渗透探伤的原理与应用。

掌握：超声波探伤与磁粉探伤的原理、适用条件与工程应用。

3. 尺寸检测

了解：检测的目的与意义。

熟悉：几何尺寸检测；几何形状与型线检测；形位公差测量；粗糙度测量。

掌握：几何尺寸检测、几何形状与型线检测、形位公差测量、粗糙度测量的基本方法。

4. **安装调试**

了解:机组安装调试过程中进行检测的目的与意义;安装调试过程中需检测的项目与内容。

熟悉:机组轴线、导轴承轴瓦间隙、发电机定转子圆度与气隙的测量;机组试运行中振动、摆度等的测量。

掌握:机组轴线状态、发电机定转子圆度与气隙的判定;机组运行状态的分析判定。

5. **水力机械效率试验**

了解:效率试验的目的和意义,原型效率与模型效率的概念;绝对效率与相对效率的概念及应用场合;效率试验方法的种类及选用;效率试验的试验条件与试验的准备工作;过机流量不同的测量方法;轴功率与电机功率测量方法。

熟悉:压力时间法(水锤法)、超声波法与示踪法测量流量的原理与计算方法;水位与压力测量的方法与注意事项;轴功率测量的间接法;电机功率测量的方法;转速测量方法。

掌握:效率试验的原理(包括绝对效率与相对效率);效率试验测试的内容;流速仪法测量流量的原理、测点布置与流速面积积分计算;蜗壳差压法的测流原理与流量计算;水头(扬程)的测量方法与计算以及测量误差估算;功率测量误差估算;耗水率计算;效率计算与误差分析。

6. **压力脉动、振动和噪声**

了解:压力脉动、振动和噪声测量的目的与意义,振动的表示方法(位移、速度与加速度),噪声声压级、L 声级、A 声级等相关知识;机组共振知识;试运行各项试验的目的。

熟悉:压力脉动与振动幅值的取值方法;噪声 L 声级、A 声级的计算;变转速试验、过速试验、变励磁电压试验、变负荷试验与甩负荷试验的程序、测点布置(压力、振动与噪声等)与结果分析。

掌握:振动的原因及分类(机械振动、水力振动与电气振动);根据压力脉动与振动的幅值和频率及噪声的 L 声级(A 声级)和频率对机组运行状态进行初步分析与判断;常见故障原因。

7. **应力试验**

了解:应力试验的目的与意义;应力试验电测法;应变片的工作特性、选取以及防护。

熟悉:常见受力状态下应变片的布置、接桥方法与相应的应变、应力计算;

扭矩计算;残余应力的测试方法。

掌握:应力试验电测法;残余应力测量的盲孔法与压痕法;主轴扭矩的测量;动应力的测量;应力测试结果的分析与评判。

8. 空蚀和磨损

了解:空化、空蚀和磨损的概念及危害;空蚀和磨损测量的目的和意义;含沙量概念。

熟悉:空蚀测量的电声法、电阻法、加速度法、易损镀层法—快速破坏法的原理与应用;磨损测量方法。

掌握:空蚀破坏量的测量和计算;空蚀损坏评定标准;磨损量的测量和评定。

9. 温度测量

了解:温度测量的目的与意义。

熟悉:温度测量的电阻法、埋置检温计法(ETD)与温度计法。

掌握:发电机定子温度、发电机转子温度与轴承温度测量的测点布置、测量方法选用、结果统计及评价。

(二)电气设备

1. 绪论

了解:水利水电工程电气设备的分类及基本结构原理。

熟悉:水利水电工程电气设备质量检测的目的与要求。

掌握:根据工程实际,编写水利水电工程电气设备质量检测管理的主要控制点。

2. 水利水电工程通用电气设备的主要质量检测参数及检测

了解:电气设备的种类,基本质量参数的定义、检测原理。

熟悉:电气设备主要质量参数的检测方法。

掌握:电气设备主要质量参数检测的仪器仪表及装置的选用,对检验结果的评判。

3. 水电站电气设备制造安装调试质量检测

了解:水电站电气设备的种类,基本结构原理及用途,质量检测参数。

熟悉:水电站电气设备(元配件)制造质量出厂检验,安装调试过程控制点的质量检测和方法。

掌握:水电站电气设备的质量检测控制,对检验结果的评判。

4. **水电站电气设备起动试运行的质量检验**

了解：水电站电气设备起动试运行的主要测试项目。

熟悉：水电站电气设备起动试运行的主要测试参数。

掌握：水电站电气设备起动试运行的主要测试评判。

5. **电气设备质量检测的主要仪器仪表的保管、使用与校验**

了解：电气设备质量检测的主要仪器仪表的种类及基本原理。

熟悉：电气设备质量检测的主要仪器仪表保管、使用与校验。

掌握：电气设备质量检测的主要仪器仪表的选用与调整。

三、主要参考材料

序号	名　称
1	《水利水电工程质量检测人员从业资格考核培训系列教材（机械电气类）》
	水力机械
1	《水力机组现场测试手册》
2	《水轮机、水泵安装检修故障诊断》
3	《材料性能学》
4	《噪声和振动测量技术》
5	《水力机械振动和脉动现场测试规程》（GB/T 17189—2007）
6	《水轮机、蓄能泵和水泵水轮机水力性能现场验收试验规程》（GB/T 20043—2005）
7	《水轮发电机组安装技术规范》（GB/T 8564—2003）
8	《水轮机通流部件技术条件》（GB/T 10969—2008）
9	《水轮发电机组启动试验规程》（DL/T 507—2002）
10	《旋转电机定额和性能》（GB 755—2000）
11	《旋转电机基本技术要求》（GB 755—1987）
12	《金属材料残余应力测定压痕应变法》（GB/T 24179—2009）
13	《残余应力测试方法钻孔应变释放法》（GB 3395—1992）
	电气设备
1	《水轮发电机组安装技术规范》（GB/T 8564—2003）

序号	名　称
2	《水轮发电机组启动试验规程》(DL/T 507—2002)
3	《电气装置安装工程电气设备交接试验标准》(GB 50150—2006)
4	《电气装置安装工程电缆线路施工及验收规范》(GB 50168—2006)
5	《电气装置安装工程盘、柜及二次回路接线施工及验收规范》(GB 50171—1992)
6	《同步电机励磁系统大、中型同步发电机励磁系统技术要求》(GB/T 7409.3—2007)
7	《大型高压交流电机定子绝缘电压试验规范》(JB/T 6204—2002)
8	《水轮发电机基本技术条件》(GB/T 7894—2001)
9	《电气装置安装工程接地装置施工及验收规范》(GB 50169—92)
10	《电气装置安装工程低压电器施工及验收规范》(GB 50254—96)
11	《电气装置安装工程高压电器施工及验收规范》(GBJ 147—90)
12	《电气装置安装工程电力变压器、油浸电抗器、互感器施工及验收规范》(GBJ 148—90)
13	《电气装置安装工程母线装置施工及验收规范》(GBJ 149—90)
14	《现场绝缘试验实施导则绝缘电阻、吸收比和极化指数试验》(DL/T 474.1—2006)
15	《现场绝缘试验实施导则直流高电压试验》(DL/T 474.2—2006)
16	《现场绝缘试验实施导则介质损耗因数 tgδ 试验》(DL/T 474.3—2006)
17	《现场绝缘试验实施导则交流耐压试验》(DL/T 474.4—2006)
18	《现场绝缘试验实施导则避雷器试验》(DL/T 474.5—2006)
19	《电力设备预防性试验规程》(DL/T 596—2005)

专业科目5 量 测

一、考试目的

本科目主要考查考生对水利工程控制测量、施工放样、竣工测量、监测基本要求及质量控制;监测设计布置要点、监测仪器设备及工作原理、监测仪器设备安装与埋设、观测技术、监测自动化及资料整编分析等的了解、熟悉和掌握情况。

二、主要考试内容

(一)测量

1.概述

了解:水利工程质量检测测量与施工测量的关系;水利工程施工建设阶段测量工作的特点;施工放样准备、开挖填筑及混凝土工程测量、金属结构与机电设备安装测量、地下工程测量、疏浚及渠堤测量、附属工程测量、施工期变形监测、竣工测量等工作的主要内容和基本要求。

熟悉:测量在水利工程质量检测中的意义和作用;施工控制网的坐标系统和高程系统,施工控制网的精度指标、布设方法;影响测量结果准确性的因素;系统误差、偶然误差和粗差;精度、准确度与精确度。

掌握:水利工程质量、水利工程质量检测、水利工程质量检测测量;水利工程质量检测单位和人员的资质和资格要求;水利工程质量检测的作用和主要特点;水利工程质量检测测量的特点。

2.控制测量

了解:大地坐标系、平面直角坐标系、控制网优化设计、三角测量的质量检查与评定、水准测量的质量检查与评定。

熟悉:水利工程施工控制测量的特点及其作用,1954 年北京坐标系,1980 年国家大地坐标系,平面控制网布设原则,高程控制网布设原则,GPS 网的优化设计原则,精度和可靠性指标,平面控制测量主要方法,高程控制测量的方法,水准仪和水准尺的检验,GPS 接收机的检验,经纬仪的检验,全站仪的检验,GPS 控制网的质量检查与评定,GPS 网的观测与数据处理,导线测量的质量检查与评定,控制网复测扩建,加密的作用与必要性,控制网复测、扩建及加密的方案的设计。

掌握:工程坐标系、独立坐标系、1956 年黄海高程系、1985 国家高程基准、GPS 网的构网方式、GPS 网的观测与记录规定、GPS 数据预处理的主要内容、基线解算应注意的问题、GPS 网观测数据的质量检验、GPS 网的平差、三维无约束平差、三维或二维约束平差、导线水平角观测应遵守的规定、距离测量与天顶距的观测、测距边的改正计算、导线的平差计算、水准观测的基本要求、水准观测数据处理、光电三角高程测量的观测与计算。

3. 施工放样

了解:开挖工程中的施工放样、开挖开口线的放样、开挖体型变化线放样、开挖分类料变化面测量、开挖工程中的计量测量、开挖工程中施工放样的常用方法、洞室开挖工程中的测量工作、洞室开挖工程测量的特点、洞室开挖工程对测量工作的要求、地面和地下控制测量中的联系测量、洞室开挖中的施工测量、洞室开挖施工测量使用的一些特殊仪器与设备、金属结构与机电设备安装工程中的测量工作。

熟悉:土石方填筑工程中的测量工作、混凝土浇筑工程中的测量工作、金属结构与机电设备安装工程中施工测量检测要点。

掌握:施工放样的目的、施工放样的主要内容、施工测量质量检测工作主要内容、施工放样质量控制的要点、施工放样检测中应注意的问题、开挖工程中施工测量的检测要点、洞室开挖过程中检测的要点、土石方填筑工程施工测量检测要点、混凝土浇筑工程中施工测量检测要点。

4. 竣工测量

了解:土石方工程竣工测量的一般要求、混凝土工程竣工测量的一般要求、线型工程竣工测量的一般要求、水下地形测量和水库纵横断面的一般要求、金属结构与机电安装工程竣工测量的一般要求、竣工测量资料的整编。

熟悉:竣工测量的目的;竣工测量的主要内容;竣工测量的特殊性。

(二)监测

1. 外部变形监测

外部变形监测:是指由专业测量队伍利用测量仪器和测绘手段对工程外部变形所实施的监测工作,包括表面水平、垂直位移、倾斜和其他相关的监测工作。

了解:GPS、真空激光准直系统、数字摄影等新技术发展与应用;变形监测控制网(平面控制网、精密水准网)及变形监测网点的建立,水平、垂直位移及倾斜监测常用测量原理及方法等外部变形监测基础知识;水质分析、振动监测等基础知识;GPS、真空激光准直系统、光纤、数字摄影等新技术发展与应用。

熟悉:外部变形监测理论基础、观测内容、方法、特点,监测方案制定,常用仪器类型与原理、标定与维护,现场观测的标墩建立、观测、数据计算、处理与整编;变形监测控制网(平面控制网、高程控制网)及变形监测网点布设;常用大地测量方法(边交会、精密导线、边角交会、视准线、极坐标、水准、三角高程等)应用;其他水平、垂直位移监测的原理、方法及仪器设施应用,包括:正垂与倒垂线、引张线、铟钢丝位移计、双金属标、静力水准等;滑坡体及崩岸变形监测内容及方法;针对工程施工期、初蓄水期、运行期等不同时段,具备初步分析方法(作图、对比等)及判断、编制监测报告的能力。

掌握:变形监测方案、监测内容、监测精度、监测控制网和测点布置;水平位移、垂直位移常用观测方法,滑坡体监测方案、特点及预警。

2. 内观监测

内观监测:是指对工程内部实施监测的工作,包括内部变形、渗流、应力应变、温度、环境等监测,以及其他相关的监测工作。

了解:混凝土应力应变、数学模型、监测资料反分析、综合分析与安全评价、大坝安全监控等监测资料的定量分析方法;监测资料统计分析及建模分析等定性分析方法;常用内观(内部变形、渗流、应力应变及温度)、环境(温度、湿度、气温等)、监测自动化系统、振动监测等基础知识。

熟悉:内观监测理论基础(监测对象、项目及要求),监测设计与布置、监测仪器选型(工作原理、技术参数、检验率定),监测仪器安装埋设、观测及相关质量控制,监测数据整编(计算整编及计算机操作)、初步分析(作图、对比等)及判断,编制监测报告等。监测项目及监测仪器包括:

(1)内部变形监测:滑动及固定式测斜仪、多点位移计、滑动测微计、基岩变形计、沉降仪(分层、水管式)等;

(2)渗流监测:渗压计、测压管、量水堰等;

(3)应力应变监测:测缝计、裂缝计、钢筋计、钢板计、压应力计、应变计(无应力计)、锚杆应力计、锚索测力计等;

(4)温度监测:温度计、分布式光纤;

(5)环境监测:温度、湿度、气温等;

(6)正、倒垂线、静力水准、引张线、双金属标、铟钢丝位移计;

(7)自动化监测系统的管理、使用及日常维护等;

(8)巡视检查内容及方法。

掌握:变形、渗流、应力应变及温度监测为主要掌握内容(“熟悉”中的(1)~(4)),尤以变形和渗流监测为重点掌握内容。

三、主要参考资料

序号	名　　称
	测　量
1	《水利水电工程质量检测人员从业资格考核培训系列教材(量测类)》
2	《水利水电工程测量规范》(SL 197—97)
3	《水利水电工程物探规程》(SL 326—2005)
4	《水道观测规范》(SL 257—2000)
5	《全球定位系统(GPS)测量规范》(GB/T 18314—2001)
6	《国家一、二等水准测量规范》(GB/T 12987—2006)
7	《国家三角测量规范》(GB/T 17942—2000)
8	《国家三、四等水准测量规范》(GB 12898—91)
9	《1:500、1:2000 地形图图式》(GB 7929—94)
10	《1:500、1:1000、1:2000 比例尺地形图航空摄影规范》(GB 6962—86)
11	《1:500、1:1000、1:2000 地形图航空摄影测量数字化测图规范》(GB 15967—1995)
12	《1:500、1:1000、1:2000 比例尺地形图航空摄影测量外业规范》(GB 7931—87)
13	《1:500、1:1000、1:2000 地形图要素分类与代码》(GB 14804—93)
14	《数字测绘产品检查验收规定及质量评定》(GB/T 18316—2001)
15	《遥感影像平面图制图规范》(GB/T 15968—200)
16	《1:500、1:1000、1:2000 地形图数字化规范》(GB/T 17160—2008)
17	《近景摄影测量规范》(GB/T 12979—2008)
18	《工程测量规范》(GB/T 50026—2007)
19	《混凝土结构工程施工质量验收规范》(GB 50204—2002)
20	《砌体工程现场检测技术标准》(GB/T 50315—2000)
21	《水利水电工程施工测量规范》(DL/T 5173—2003)

序号	名　称
22	《测量外业电子记录基本规定》(H/T 2004—1999)
23	《水准测量电子记录规定》(H/T 2006—1999)
24	《测绘产品检查验收规定》(CH 1002—95)
25	《测绘产品质量评定标准》(CH 1003—95)
	监　测
1	《土石坝安全监测技术规范》(SL 60—94)
2	《土石坝安全监测资料整编程序》(SL 169—96)
3	《水利水电工程岩石试验规程》(SL 264—2001)
4	《大坝安全自动监测系统设备基本技术条件》(SL 268—2001)
5	《岩土工程用钢弦式压力传感器国家标准》(GB/T 13606—2007)
6	《差动电阻式应变计》(GB/T 3408—1994)
7	《差动电阻式钢筋计》(GB/T 3409—1994)
8	《差动电阻式测缝计》(GB/T 3410.1—2008)
9	《差动电阻式孔隙压力计》(GB/T 3411—1994)
10	《电阻比电桥》(GB/T 3412—1994)
11	《埋入式铜电阻温度计》(GB/T 3413—1994)
12	《振动与冲击传感器的校准方法第1部分:基本概念》(GB/T 13823.1—2005)
13	《爆破安全规程》(GB 6722—2003)
14	《精密工程测量规范》(GB 15314—1994)
15	《水利水电工程施工测量规范》(DL/T 5173—2003)

第一部分　公共科目

质量检测基础知识(一)

满分:120 分

一、判断题(每题 1 分,共 30 分;在题后括号内,正确的划"√",错误的划"×")

1.《水利工程质量检测员管理办法》是由中国水利工程协会发布。 ( )

2. 申请质量检测员资格考试者的年龄限制是小于 65 周岁。 ( )

3. 保障人体健康,人身、财产安全的标准和法律、行政法规规定强制执行的标准是强制性标准。 ( )

4. 国家标准、行业标准分为强制性标准和非强制性标准。 ( )

5. 取得乙级资质的检测单位可以承担各种堤防的质量检测业务。 ( )

6. 产品质量检验、认证需由各级质量行政主管部门设立的质检中介机构或行政部门设立的技术服务部门进行。 ( )

7. 工程承包合同认定的其他标准和文件是水利工程质量检测的依据。 ( )

8. 因产品存在缺陷造成的人身缺陷、产品损失,由生产者承担赔偿责任;此外的其他财产损害则不由生产者承担。 ( )

9. 有保密要求的文件(包括检测报告)可由机要部门经手交接,也可通过邮局邮寄。 ( )

10. 建设工程是一种产品,适用《中华人民共和国产品质量法》。 ( )

11. 目前,经国家技术监督局批准的产品质量认证标志有三种:长城认证标志,用于获准认证的电工产品;PRC 认证标志,用于获准认证的电子元器件产品;方圆认证标志,用于获准认证的其他产品。 ( )

12. 全国性产品质量抽查计划,应由国家技术监督局统一组织协调。 ( )

13. 建设工程的勘察、设计、施工、验收的技术要求和方法适用《中华人民共和国标准化法》。 ( )

14. 实验室应定期进行群众性的质量管理活动,如服务评审、监督评审、内

部质量审核和管理评审等,其中管理评审至少每年应进行一次。( )

15. 实验室应制订详细的监督计划,并指定经验丰富的质量监督员,对检测人员尤其是新进人员进行监督。( )

16. 建设工程的保修期,自竣工验收之日起计算。( )

17. 取样单位可根据自己单位的特点,自行规定编号规则。( )

18. 根据监督抽查的需要,可以对产品进行检验。检验抽取样品的数量不得超过检验的合理需要,被检查人应配合提供送检样品,并按照规定支付抽查所需的检验费用。( )

19. 施工总承包单位将建设工程主体结构的施工分包给其他单位的行为不属于违法行为。( )

20. 取得质量检测员资格,须通过中国水利工程协会组织的资格考试。( )

21. 检测单位资质原则上每年集中审批一次,受理时间由审批机关提前两个月向社会公告。( )

22. 检测人员可以同时受聘于两个或者两个以上的检测机构。( )

23. 施工图设计文件未经审查批准的,不得使用。( )

24. 摄氏度是国际单位制的基本单位。( )

25. 置信区间越窄,表示计量值越接近于真值。( )

26. 国家监督抽查的产品,地方不得另行重复抽查;上级监督抽查的产品,下级不得另行重复抽查。( )

27. 水利工程质量检测特指对水利工程中的土建结构进行的检查、测量、试验或者度量。( )

28. 检测报告的磁盘文件不具有法律效力,其结果仅供参考。( )

29. 在相当长的历史时期内,计量的对象主要是工程量。( )

30. 测量误差用公式表示为:测量误差 = 测量结果 × 误差系数。( )

二、单项选择题(每题只有一个正确答案,将正确答案的序号填在括号内;每题1分,共30分)

1. 比热的单位 J/(kg · K)的中文读法是( )。

A. 焦耳每千克每开尔文　　B. 焦耳每千克开尔文

C. 每千克开尔文焦耳　　D. 每千克每开尔文焦耳

2. 试验测试结果 2 500 r/min 表示法的极限误差是( )。

A. 50 r/min　　B. 100 r/min

C. 1 r/min　　　　　　　　　　　　D. 0. 5 r/min

3. 将数字 20. 449 修约为 3 位有效数字的结果是(　　)。

A. 20. 5　　　　　　　　　　　　B. 20. 449

C. 20. 45　　　　　　　　　　　D. 20. 4

4. 以下哪项活动必须由无直接责任的人员来执行(　　)。

A. 合同评审　　　　　　　　　　B. 内部审核

C. 管理评审　　　　　　　　　　D. 服务评审

5.《水利工程质量检测管理规定》(水利部令第 36 号)自(　　)起施行。

A. 2008 年 12 月 31 日　　B. 2009 年 1 月 1 日　　C. 2009 年 2 月 1 日

6. 在重复性条件下,对同一被测量进行无限多次测量所得结果的平均值与被测量的真值之差,称为(　　)。

A. 随机误差　　　　　B. 测量误差　　　　　C. 系统误差

7. 以下各项不属于强制检定特点的是(　　)。

A. 由政府计量行政部门统管

B. 由使用单位按需要制定检定周期

C. 由指定的法定或授权技术机构执行

8. 下面说法正确的是(　　)。

A. 准确度表示对所做判断的把握程度

B. 绝对偏差,也叫变异系数,一般计算百分率

C. 置信度实际是指某事件出现的概率

9. 地方质检部门应当自向申请人颁发资质认定证书之日起(　　)日内,将其作出的批准决定向国家认监委备案。

A. 7　　　　　B. 15　　　　　C. 30

10. 按照《中华人民共和国标准化法》的规定,我国的标准分为(　　)级。

A. 2　　　　　B. 3　　　　　C. 4

11. 对“16℃”的正确读法是(　　)。

A. 摄氏 16 度　　　　B. 16 度　　　　C. 16 摄氏度

12. 水利工程在规定的保修期内,出现工程质量问题,一般由原(　　)承担保修,所需费用由责任方承担。

A. 施工单位　　　　B. 设计单位　　　　C. 建设单位

13. GB/T 19001—2000 标准是属于(　　)。

A. 国际标准　　　　B. 推荐性标准　　　　C. 强制性标准

14. (　　)指一组平行测定数据中最大值和最小值之差。

A. 极差　　　　　　　B. 中位数　　　　　　　C. 标准偏差

15.(　　)是实验室检验工作的依据,是实验室内部的法规性文件。

A. 质量管理体系文件　B. 技术管理体系文件　C. 规范体系文件

16. 原始记录的记录中如遇填写错误需要更正时,应遵循谁记录谁修改的原则,由原记录人员采用(　　)方式更正。

A. 涂抹　　　　　　　B. 刮除　　　　　　　C. 杠改

17.《检测和校准实验室能力的通用要求》属于(　　)。

A. 管理标准　　　　　B. 技术标准　　　　　C. 行政法规

18. 降等降级后使用的仪器设备应使用(　　)签标记。

A. 蓝色　　　　　　　B. 红色　　　　　　　C. 黄色

19.(　　)是程序文件的细化。

A. 质量记录　　　　　B. 作业指导书　　　　C. 质量手册

20. 每年年初由(　　)制订仪器设备检定计划,并需经技术管理室审核与技术负责人批准。

A. 实验室负责人　　　B. 仪器设备管理员　　C. 档案管理员

21. 计量检定机构给某台仪器设备出具了(　　),说明该设备不合格,其不得用于检测工作。

A. 检定证书　　　　　B. 校准证书　　　　　C. 检测结果通知书

22. 对于样品保管说法错误的是(　　)。

A. 样品管理员应对样品在试验机构期间的保存、安全、保密、完好负责,并对在检期间的样品管理实施监督

B. 当贮存保管条件达不到委托人要求时,应及时向委托人声明,或者经委托人同意采取其他贮存保管方式

C. 样品的贮存条件应达到检测人员提出的要求,对有特殊贮存要求的样品,应设置贮存环境的监控设施

23. 某温度计的标称范围为 −20 ~ 100 ℃,其量程为(　　)。

A. 120 ℃　　　　　　B. 100 ℃　　　　　　C. 80 ℃

24. 检测机构的管理评审(　　)的责任。

A. 质量负责人　　　　B. 最高管理者　　　　C. 本机构所有人员

25. 从计量测量数据处理需要,按其性质一般将误差分为(　　)。

A. 系统误差和随机误差　B. 固有误差和设备误差

C. 设备误差和系统误差

26. 对于非强制检定的测量仪器应以(　　)为主要手段,以达到统一量

值的目的。

A. 核准　　B. 周期检定　　C. 非周期检定

27. 被检电压表的示值为 40 V，经检定其实际值为 41 V，则此电压误差为（　）。

A. 1 V　　B. −1 V　　C. 0 ~ 1 V

28. 检测设备取得检定证书、校准证书后，应立即启动（　）进行确认。

A. 自校程序　　B. 期间核查程序　　C. 确认程序

29. 下列关于误差与不确定度的区别说法错误的是（　）。

A. 误差没有符号；不确定度恒为正

B. 误差有一个允许误差范围；不确定度没有不确定度的限值

C. 误差不知道真值，但有一个人为的约定真值；不确定度不知道真值，也没有约定真值

30. 法定计量单位是由（　）承认、具有法定地位的计量单位。

A. 政府计量行政主管部门

B. 国家法律　　C. 政府机关

三、多项选题（每题有两个或两个以上正确答案，将正确答案的序号填在括号内；每题 2 分，共 60 分，错选或多选本题不得分；少选，但选择正确的每个选项得 0.5 分）

1. 水利水电工程质量检测的特点包括（　）。

A. 科学性　　B. 公正性　　C. 及时性　　D. 执法性

2. 在中华人民共和国境内，对从事向社会出具具有证明作用的数据和结果的实验室资质认定（　）的评审应当遵守《实验室资质认定评审准则》。

A. 计量认证　　B. 授权　　C. 验收　　D. 咨询

3. 国际单位制的优越性包括（　）。

A. 严格的统一性　B. 简明性　　C. 实用性　　D. 灵活性

4. 当样品有保密要求时（　）。

A. 检测机构应有专门的措施保证样品和相关技术资料在检测全过程中得到有效的监管

B. 检测人应将承检样品及样品的附件和技术资料在检测完成后送回样品库由样品管理员保管

C. 检测完成后样品的处置方法应事先与委托人协商并得到委托人的同意

D. 处置时应通知委托人，样品和资料当面清点，全部退还委托人

5. 资质认定的形式包括(　　)。

A. 计量认证　　B. 审查认可

C. 实验室认可　　D. 审查认证

6. 测量仪器的计量特性是指其影响测量结果的一些明显特征,其中包括测量(　　)。

A. 范围、偏移　　B. 重复性、稳定性

C. 分辨力、鉴别力　　D. 示值误差

7. 水利工程质量检测的依据有(　　)。

A. 法律、法规、规章的规定

B. 国家标准、水利水电行业标准

C. 批准的设计文件、金属结构、机电设备安装等技术说明书

D. 其他特定要求

8. 水利工程质量检测单位资质包括(　　)。

A. 岩土工程　　B. 混凝土工程

C. 水质　　D. 金属结构

9. 下列单位中,(　　)属于 SI 基本单位。

A. 开[尔文]K　　B. 摩[尔]mol

C. 牛[顿]N　　D. 坎[德拉]Cd

10. 下列(　　)方面的工作计量器具属于国家强制检定的范围。

A. 环境监测　　B. 社会公用计量标准

C. 贸易结算　　D. 家用计量仪器

11. 不确定度产生的原因有(　　)。

A. 技术不熟悉　　B. 测量过程中的随时效应

C. 测量过程中的系统效应　　D. 数据处理中的修约

12. 我国的技术标准有(　　)。

A. 行业标准　　B. 地方标准　　C. 企业标准　　D. 协会标准

13. 以下(　　)内容属于计量的内容。

A. 计量单位　　B. 计量器具　　C. 溯源　　D. 计量体系认证

14. 误差可用下列(　　)表达式来表达。

A. 测量结果 + 修正值

B. 测量结果 - 真值

C. (测量结果 - 总体均值) + (总体均值 - 真值)

D. 随机误差 + 系统误差

15. 用同一种材料经过多次试验得出一批数据后，就可通过计算(　　)来评定其质量等级或性能的优劣。

A. 算术平均值　B. 标准差　C. 相对误差　D. 变异系数

16. 实验室管理体系是由(　　)构成，且具有一定活动规律的一个有机整体。

A. 组织机构　B. 程序　C. 过程　D. 人员

17. 当样品的制备由检测机构进行时，应遵循事先与委托人共同确认的(　　)规定和要求进行。

A. 检测标准方法　B. 作业指导书

C. 有关文件　D. 任务单

18. 检测记录的基本要求(　　)。

A. 记录的完整性　B. 记录的严肃性

C. 记录的实用性　D. 记录的灵活性

19. 计量的特点有(　　)。

A. 溯源性　B. 统一性　C. 一致性　D. 准确性

20. 测量控制体系由下列(　　)部分组成。

A. 测量仪器的校准控制　B. 测量设备的计量确认

C. 测量结果的分析校准　D. 测量过程实施的控制

21. 约定真值可通过(　　)得出。

A. 校准　B. 检定

C. 更高准确度等级的测量仪器　D. 估算

22. 产生漂移的原因是(　　)。

A. 外界环境变化　B. 元器件老化

C. 仪器本身性能不稳定　D. 零部件磨损

23. 测量的重复性条件包括(　　)。

A. 相同的测量程序和观测者

B. 在相同的条件下使用相同的测量仪器

C. 在长时间内重复测量

D. 相同的地点

24.《产品质量法》的适用范围包括(　　)。

A. 经过加工、制作，用于销售的产品　B. 建筑材料

C. 建筑工程　D. 石油天然气

25. 样品编号应符合编号的(　　)原则。

A. 可变性　　　　　　　　　B. 唯一性

C. 永久性　　　　　　　　　D. 时效性

26. 计量涉及到社会的各个领域，随着科技经济和社会的发展，计量的对象逐渐扩展到(　　)，甚至心理量。

A. 物理量　　B. 工程量　　C. 化学量　　D. 生理量

27.《计量法》的调整对象是中华人民共和国境内的(　　)。

A. 国家机关　　　　　　　　B. 社会团体

C. 中国人民解放军　　　　　D. 企事业单位和个人

28. 测量控制体系，是指为实现测量过程的连续控制和计量确认所需的一组相关的或相互作用的要素。测量控制体系是由(　　)两部分组成的。

A. 测量设备的校准　　　　　B. 测量设备的计量确认

C. 测量设备的分析控制　　　D. 测量过程实施的控制

29. 计量检定规程可由(　　)部门制定。

A. 国务院计量行政部门

B. 省、自治区、直辖市人民政府计量行政部门

C. 国务院有关主管部门

D. 企业

30. 水利行业检测机构的授权签字人由(　　)，对本机构出具的检测报告的质量负责。

A. 检测机构的领导授权

B. 检测机构推荐

C. 国家计量认证水利评审组考核确认

D. 国家认监委批准授权

质量检测基础知识(二)

满分:120 分

一、判断题(每题 1 分,共 30 分;在题后括号内,正确的划"√",错误的划"×")

1.《水利工程质量检测管理规定》是由水利部发布。 ( )

2. 国家选定的非国际单位制单位属于法定计量单位制的基本单位。 ( )

3. 计量是实现单位统一、量值准确可靠的活动。 ( )

4. 水利工程质量检测单位资质分为甲级、乙级、丙级三个等级。 ( )

5. 水利工程质量检测特指对水利工程中的土建结构进行的检查、测量、试验或者度量。 ( )

6. 申请质量检测员资格考试者的年龄限制是小于 65 周岁。 ( )

7. 中国水利工程协会制定质量检测员考试大纲,组织命题,组织现场考试,确定考试合格成绩。 ( )

8. 测量过程中的随机效应及系统效应均会导致测量不确定度,数据处理中的修约也会导致不确定度。 ( )

9. 测量误差用公式表示为:测量误差 = 测量结果 × 误差系数。 ( )

10. 保障人体健康,人身、财产安全的标准和法律、行政法规规定强制执行的标准是强制性标准。 ( )

11. 检测资质审批机关应当自受理申请之日起 30 日内作出批准或者不予批准的决定。 ( )

12. 水利工程检测单位资质统一由水利部直接管理。 ( )

13. 工程分包必须经过项目法人的认可。 ( )

14. 检测机构是具有行政职能的管理单位。 ( )

15. 水利工程一般不采用地方标准,只有地方标准的要求高于行业标准时,才采用地方标准。 ( )

16. 国家标准、行业标准分为强制性标准和非强制性标准。 ( )

17. 计量认证/审查认可(验收)是法律法规规定的强制性行为,其管理模式为国家管理。 ( )

18. 施工单位不得分包工程。 ( )

19. 计量标准器具,简称计量标准,是指准确度低于计量基准的,用于检定其他计量标准或工作计量器具的计量器具。 ( )

20. 取得乙级资质的检测单位可以承担各种堤防的质量检测业务。 ( )

21. 获得《水利工程质量检测员资格证书》后,年龄不超过 65 岁,则资格证书长期有效。 ( )

22. 赫(兹)是国际单位制中具有专门名称的导出单位。 ( )

23. 摄氏度是国际单位制的基本单位。 ( )

24. 置信区间越窄,表示计量值越接近于真值。 ( )

25. 将 2 359 修约成三位有效位数,得 236 ×10(特定时可写为 2 360)。 ( )

26. 检测人员可以在工作的检测机构之外,以兼职的形式同时受聘于其他检测机构,但这些检测机构必须在不同行业。 ( )

27. 国家监督抽查的产品,地方不得另行重复抽查;上级监督抽查的产品,下级不得另行重复抽查。 ( )

28. 非本地区或非本系统企业的产品必须经本地区和本系统企业联合会共同议定,方能进入销售。 ( )

29. 国家需要控制的重要产品目录由商务部确定。 ( )

30. 测量设备涵盖的范围不仅包括所有与测量活动相关的硬件设备,而且与测量硬件相关的各种必要软件资料数据等也属于测量设备的组成部分。 ( )

二、单项选择题(每题只有一个正确答案,将正确答案的序号填在括号内;每题 1 分,共 30 分)

1. 检测结果是( )的科学依据。

A. 质量事故　　B. 质量纠纷　　C. 质量改进

2. ( )是实现单位统一、量值准确可靠的活动。

A. 测量　　B. 计量　　C. 测试

3. 下面说法正确的是( )。

A. 0.003 4 与 0.003 400 都是两位有效数字

B. 274 与 274.00 的绝对误差是一样的

C. 36.45 − 6.2≈30.2

4. 真值取值为被测量的测定值,则定义为( )。

A. 实际相对误差　　B. 额定相对误差　　C. 标称相对误差

5. 断面系数单位 m^3 的名称是(　　)。

A. 三次方米　　B. 立方米　　C. 三次方米或立方米

6. 下面说法错误的是(　　)。

A. 真值常用实际值或一系列计量结果的平均值来代替

B. 100.1 V 和 10.1 V 的绝对误差是不一样的

C. 相对误差是测量结果的绝对误差与真值之比

7. (　　)指一组平行测定数据中最大值和最小值之差。

A. 中位数　　B. 极差　　C. 标准偏差

8. 下列关于误差与不确定度的区别说法错误的是(　　)。

A. 误差没有符号;不确定度恒为正

B. 误差有一个允许误差范围;不确定度没有不确定度的限值

C. 误差不知道真值,但有一个人为的约定真值;不确定度不知道真值,也没有约定真值

9. (　　)实际上要求在抽样前对样本在总体中的分布有准确的了解

A. 偶遇抽样　　B. 判断抽样　　C. 配额抽样

10. 从计量测量数据处理需要,按其性质一般将误差分为(　　)。

A. 固有误差和设备误差

B. 设备误差和系统误差

C. 系统误差和随机误差

11. (　　)是实验室检验工作的依据,是实验室内部的法规性文件。

A. 质量管理体系文件

B. 技术管理体系文件

C. 经济管理体系文件

12. (　　)是质量管理的一部分,致力于制定质量目标并规定必要的运行过程和相关资源,以实现质量目标。

A. 质量控制　　B. 质量改进　　C. 质量策划

13. 管理体系文件的层次划分一般为(　　)层次。

A. 两个或三个　　B. 三个或四个　　C. 四个或五个

14. (　　)是阐述其质量(管理)方针并描述管理体系的文件。

A. 质量手册　　B. 作业指导书　　C. 质量记录

15. 下面说法错误的是(　　)。

A. 抽样前应有抽样的总体计划和实施方案

B. 抽样实施方案应运用适当的统计技术考虑抽样时遇见突发性困难

采取的应对措施

C. 现场取样一般应遵从规定抽取的原则，使用适宜的抽样工具和容器

16. “0”在有效数字中的意义(　　)。

A. 作为数字定值　　B. 充填数位　　C. 整数

17. 数据的表达方式有(　　)。

A. 数值表示法　　B. 字母表示法　　C. 公式表示法

18. 涉及专利产品和专利技术的样品，试验单位一律(　　)留样处理，其资料和被试样品应全部退回委托人。

A. 不做　　B. 做　　C. 按检测机构的规定

19. 原始记录的记录中如遇填写错误需要更正时，应遵循谁记录谁修改的原则，由原记录人员采用(　　)方式更正。

A. 涂抹　　B. 刮除　　C. 杠改

20. (　　)是测量仪器最基本的特性。

A. 响应特性　　B. 响应时间　　C. 灵敏度

21. 下面说法错误的是(　　)。

A. 新购仪器设备在验收合格投入使用前不用进行检定或核查

B. 修复后的仪器设备必须经过检定或校准，合格后方能投入使用

C. 精密仪器设备、操作复杂设备、移动使用的设备或停用时间过久的设备，在每次使用前应进行校准或核查

22. 下面对原始记录的记录要求说法错误的是(　　)。

A. 记录数据占记录格的二分之一以上，以便修正记录错误

B. 使用法定计量单位，按标准规定的有效数字的位数记录，正确进行数据修约

C. 检测人应按标准要求提交整理分析得出的结果、图表和曲线

D. 检测人和校核人应按要求在记录表格和图表、曲线的特定位置签署姓名，其他人可以代签

23. 在对可疑结果的检测报告中，(　　)应在核查结束时起草一份核查报告，指出存在的问题，提出修改或补充检测报告的处理意见。

A. 实验室负责人　　B. 技术负责人　　C. 质量负责人

24. 地方质检部门应当自向申请人颁发资质认定证书之日起(　　)日内，将其作出的批准决定向国家认监委备案。

A. 7　　B. 15　　C. 30

25. 内部审核应按照(　　)文件的要求进行。

A. 质量体系　　B. 实验室管理体系　　C. 评审准则

26. 环境条件漏记、数据更改不规范属于(　　)。

A. 体系文件性不合格　B. 实施性不符合　　C. 效果性不符合

27. 检测机构资质证书有效期为(　　)年。

A. 1　　B. 2　　C. 3

28. 检测的目的是(　　)。

A. 对实体一种或多种性能进行检查、度量、测量和试验的活动

B. 要求判定检测的对象是否合格

C. 希望了解检测对象某一性能或某些性能的状况

D. 确定检测对象的质量标准

29. 检测试验实施的前后,检测人员要确认(　　),保证检测试验数据的正确、有效。

A. 仪器检定证书是否齐全

B. 被检物品是否合格

C. 仪器是否在检定期间

D. 检测试验仪器设备和被检物品试样状态正常

30. 水利工程在规定的保修期内,出现工程质量问题,一般由原(　　)承担保修,所需费用由责任方承担。

A. 施工单位　　B. 设计单位　　C. 建设单位

三、多项选择题(每题有两个或两个以上正确答案,将正确答案的序号填在括号内;每题2分,共60分,错选或多选本题不得分;少选,但选择正确的每个选项得0.5分)

1. 影响检测结果准确性的因素有(　　)。

A. 人的因素　　B. 检测方法的因素

C. 检测设备的因素　　D. 检测环境的因素

2. 检测人员在技术业务上一般应达到的要求是(　　)。

A. 忠于职守,努力完成检测任务

B. 坚持科学态度,实事求是

C. 掌握计量基本知识

D. 掌握检测项目的操作和数据处理技术

3. 我国的技术标准有(　　)。

A. 行业标准　　B. 地方标准

C. 企业标准　　D. 协会标准

4. 不确定度产生的原因有(　　)。

A. 测量过程中的随时效应　　B. 测量过程中的系统效应

C. 数据处理中的修约　　D. 技术不熟悉

5. 国际单位制的优越性包括(　　)。

A. 严格的统一性　　B. 简明性

C. 实用性　　D. 灵活性

6. 误差按性质一般分为(　　)。

A. 人为误差　　B. 系统误差

C. 随机误差　　D. 粗大误差

7. 非概率抽样包括(　　)。

A. 偶遇抽样　　B. 判断抽样

C. 整群抽样　　D. 配额抽样

8. 实验室管理体系是由(　　)构成，且具有一定活动规律的一个有机整体。

A. 组织机构　　B. 程序

C. 过程　　D. 人员

9. 管理体系文件的特点是(　　)。

A. 规范性　　B. 系统性

C. 公正性　　D. 唯一性

10. 实验室管理体系各要素之间具有一定的(　　)关系，形成了具有一定活动规律的有机整体。

A. 相互依赖　　B. 相互联系

C. 相互促进　　D. 相互制约

11. 检测任务单中至少应有(　　)。

A. 样品状态描述　　B. 样品来源

C. 检测参数和应遵循的标准　D. 样品存放、流转和保密要求，完成时间

12. 以下说法正确的是(　　)。

A. 把 1.050 进行修约，当修约间隔为 0.1 时，修约值为 1.0

B. 把 0.35 进行修约，当修约间隔为 0.1 时，修约值为 0.3

C. 把 0.325 进行修约，当把它修约成两位有效位数时，修约值为 0.033

D. 把 −355 进行修约，当把它修约到“十”数位时，修约值为 −36 × 10

13. 当样品的制备由检测机构进行时，应遵循事先与委托人共同确认的

(　　)规定和要求进行。

A. 检测标准方法　　B. 作业指导书

C. 有关文件　　D. 任务单

14. 当样品有保密要求时(　　)。

A. 检测机构应有专门的措施保证样品和相关技术资料在检测全过程中得到有效的监管

B. 检测人应将承检样品及样品的附件和技术资料在检测完成后送回样品库由样品管理员保管

C. 检测完成后样品的处置方法应事先与委托人协商并得到委托人的同意

D. 处置时应通知委托人,样品和资料当面清点,全部退还委托人

15. 下列在用仪器设备(　　),应安排两次正式检定/校准的间隔期间的“期间核查”。

A. 性能不够稳定、漂移率大的仪器设备

B. 使用非常频繁的仪器设备

C. 经常携带运输到现场检测的仪器设备

D. 在恶劣环境下使用的仪器设备

16. 关于误差下列说法正确的是(　　)。

A. 绝对误差有大小和符号,其单位与被测量的单位相同

B. 三角形的三个内角和的真值为180°,实测结果为179°,则绝对误差为 -1°,符号为负

C. 相对误差是测量结果的绝对误差与真值之比

D. 测量结果减去被测量的真值所得的差,称为测量误差,简称误差

17. 对无法建立档案的量具,仪器设备管理员应负责建立“量具账目”,量具账目应包括(　　)。

A. 量具的名称和编号　　B. 使用情况　　C. 详细的技术指标

D. 检定/校准/验证的日期和结果,以及下次检定/校准/验证的日期

18. 检测记录的基本要求(　　)。

A. 记录的完整性　　B. 记录的严肃性

C. 记录的实用性　　D. 记录的灵活性

19. 不合格项指未满足(　　)的内容。

A.《评审准则》　　B. 管理体系文件

C. 其他要求　　D. 合同、社会要求

20. 水利工程质量检测报告一般常用的形式有(　　)。

A. 检测数据结果表格式报告　B. 检测数据结果表格文本式报告

C. 检测数据结果纸制报告　D. 检测数据文字叙述式报告

21. 质量检测员在从事质量检测活动中,有下列行为之一,情节严重的,撤销其资格证书(　　)。

A. 不如实记录,随意取舍检测数据的

B. 弄虚作假、伪造数据的

C. 未执行法律法规和强制性标准的

D. 超过资格证书有效期而未申请验证延续的

22. 样品编号应符合编号的(　　)原则。

A. 可变性　B. 唯一性

C. 永久性　D. 时效性

23. 实验室的最高管理层包括(　　)。

A. 最高管理者　B. 技术管理层

C. 质量主管　D. 安全主管

24. 下面对实验室授权签字人说法正确的是(　　)。

A. 按照《评审准则》的要求,授权签字人应具有中级以上技术职称

B. 授权签字人的岗位职责很简单,就是在授权领域内签发检测报告,并对报告的质量负责

C. 授权签字人是没有也不能有代理人的

D. 授权签字人的变更必须向发证机构申报,经必要的考核和备案后方可变更

25. 以下会影响检测结果的是(　　)。

A. 电子计量器具附近有强电磁干扰

B. 不能达到温度要求

C. 民工大声喧闹

D. 精密天平附近有较大的振动干扰

26. 下列标准属于强制性标准的是(　　)。

A. 药品标准,食品卫生标准,兽药标准

B. 环境保护的污染物排放标准和环境质量标准

C. 通用的试验、检验方法标准

D. 重要的通用技术术语、符号、代号和制图方法

27. 下面说法正确的是(　　)。

A. 当仪器设备经检定/校准不合格,或经验证确认达不到使用要求

时,设备管理员应向技术负责人提出,并立即张贴黄色标志

B. 当发现仪器设备出现故障无法短时间内排除时,实验室负责人应立即通知设备管理员

C. 技术负责人对以上两种情况可能造成检测结果的影响应组织有关人员追溯核查

D. 在确认仪器设备无法修复后,技术负责人应批准其报废,退出管理体系

28. 下列哪些行为属于违法分包(　　)。

A. 总承包单位将建设工程分包给不具备相应资质条件的单位

B. 建设工程总承包合同中未有约定,又未经建设单位许可,承包单位将其承包的部分建设工程交由其他单位完成

C. 施工总承包单位将建设工程主体结构的施工分包给其他单位的

D. 分包单位将其承包的建设工程再分包的

29. 关于有效数字以下说法正确的是(　　)。

A. 在 10.153 0 中有 6 位有效数字

B. 在 0.210 4 中有 4 位有效数字

C. 在 0.023 0 中有 4 位有效数字

D. 在 4.5×10^3 中有 2 位有效数字

30. 以下说法正确的是(　　)。

A. m^4 的名称应为“米的四次方”

B. 用长度单位米的二次方或三次方表示的面积或体积时,其单位名称为“平方米”或“立方米”

C. $℃^{-1}$的名称为“每摄氏度”

D. s^{-1}的名称应为每秒

第二部分　专业科目

岩土工程(一)

满分:150 分

一、判断题(每题 1 分,共 30 分;在题后括号内,正确的划"√",错误的划"×")

1. 完整新鲜岩层,岩芯采取率必须大于 95%。 ( )
2. 普朗特尔极限承载力公式推导时把土作为无质量的介质。 ( )
3. 钻孔压水试验宜采用泥浆钻进。 ( )
4. 射水法建造防渗墙适用于砂、砂性土、黏性土、淤泥质土及砂砾石堤基。 ( )
5. 锚杆支护是主动地加固岩土体,有效地控制其变形,防止围岩土体的坍塌。 ( )
6. 孔径变形法测试准备中,测试钻头钻测试孔,孔深为 50 cm,要求与大孔同轴,允许偏差为 2 mm。 ( )
7. 结构面直剪试验中施加剪切载荷时,规程建议在现场对抗剪强度较高的低塑性夹层按预估最大剪切载荷的 5% 分级施加。 ( )
8. 预应力锚索进行张拉时,超张拉载荷是指超过设计载荷的 20% 时的载荷值。 ( )
9. 已知甲土的含水率大于乙土的,则甲土的饱和度大于乙土的。 ( )
10. 当土中含水率低于缩限时,水分蒸发时的体积不再缩小。 ( )
11. 岩体的完整性系数是指岩体与相应岩块的弹性波传播速度比值的平方。 ( )
12. 土的含水率是指土体中水的质量与土体总质量之比,以百分数表示。 ( )
13. 黏性土的膨胀性随蒙脱石含量的增加而增大。 ( )
14. 某土样 $\varphi=20°$,则该土样破坏面与小主应力作用面间的夹角为 35°。 ( )
15. 环刀法测试土体原位密度试验,其适用于现场测定砂类土和砾类土的密度。 ( )
16. 十字板剪切试验适用于软黏土。 ( )

17. 梯度比 GR 试验，是测定织物长期工作时判别其会不会被淤堵的一种试验。 （ ）

18. 土体的压缩系数 a_{1-2}越大，其压缩性越小。 （ ）

19. 无黏性土的抗剪强度与含水率密切相关。 （ ）

20. 试验研究表明：对同一地基土体，基础的形状、尺寸及埋深不同，地基的承载力相同。 （ ）

21. 岩石的自然吸水率越大，岩石的力学性质越好。 （ ）

22. 群桩的承载力为单桩的承载力之和。 （ ）

23. 排水固结预压法适用于加固松砂地基。 （ ）

24. 测试岩石的抗拉强度，最常用的是劈裂法。 （ ）

25. 在三轴压缩试验中，固结不排水条件下可测得土的有效内摩擦角。 （ ）

26. 土的孔隙比可能大于 1。 （ ）

27. 岩石冻融试验，根据工程需要确定冻融循环次数，以 10 次为宜，严寒地区不应少于 15 次。 （ ）

28. 某均质土坝已建成多年，水位骤降时上游突然发生滑坡，则抗剪强度指标宜用快剪确定。 （ ）

29. 标准贯入试验，将贯入器垂直打入试验土层中，先打入土中 15 cm，不计锤击数，继续贯入土中 30 cm，记录其锤击数，此击数即为标准贯入击数。 （ ）

30. 对软岩进行点荷载试验时，在加载过程中上下两个球端圆锥容易贯入，当贯入深度较大时，用于计算的 De 值应取试件破坏瞬间加载点间的距离 L 值。 （ ）

二、单项选择题（每题只有一个答案是正确的，将正确答案的序号填在括号内；每题 1 分，共 40 分）

1. 库仑强度准则认为岩石破坏主要是（ ）。

A. 压缩破坏 B. 拉伸破坏 C. 扭曲破坏 D. 剪切破坏

2. 岩石抗拉强度（ ）岩石的抗压强度。

A. 小于 B. 等于 C. 大于 D. 小于等于

3. 最常用的岩石抗拉强度试验方法是（ ）

A. 弯曲试验法 B. 圆柱体径向压裂法

C. 劈裂法 D. 轴向拉伸法

4. 决定岩石抗拉强度的主要因素是（ ）。

A. 摩擦力　　B. 黏结力
C. 摩擦力和黏结力　　D. 摩擦力或黏结力

5. 国内测试岩体表面变形最普遍的试验方法是(　　)。

A. 承压板法　　B. 钻孔径向加压法
C. 液压枕径向加压法　　D. 水压法

6. 岩体变形试验中刚性承压板面积一般为(　　)cm^2。

A. 0.1　　B. 0.2 ~ 0.25　　C. 0.5　　D. 1.0

7. 我国采用的岩体变形试验的稳定标准是(　　)。

A. 以一定时间内变形的绝对变化值为标准
B. 以一定时间内变形的相对变化为标准
C. 以时间作为变形稳定标准
D. 以一定时间内变形的绝对值作为变形稳定标准

8. 规范规定,采用隧洞径向加压试验测试岩体变形时,覆盖层最小厚度、试洞间距及距临空面的距离应大于(　　)倍洞径。

A. 2　　B. 3　　C. 5　　D. 6

9. (　　)是现场测定岩体抗剪强度最常采用的方法。

A. 三轴压缩试验　　B. 岩体荷载试验
C. 直剪试验　　D. 以上答案都不对

10. 现场岩体结构面抗剪试验中,试件尺寸应不小于(　　)。

A. 30 cm × 30 cm　　B. 50 cm × 50 cm
C. 60 cm × 60 cm　　D. 70 cm × 70 cm

11. 地基的承载力(　　)临塑荷载。

A. 大于　　B. 小于　　C. 等于

12. 从土工合成材料样品上裁取试样时,试样的布置应采用下列方法(　　)。

A. 平行取样法　　B. 梯形取样法　　C. 均匀取样法

13. 原状土试样制备时,发现土样已受扰动,取土质量也不符合要求,此时试验人员应(　　)。

A. 记录试样状态,按原先制定的试验程序进行各项试验
B. 尽快与委托方进行沟通,妥善处理并记录处理过程,并按原先制定的试验程序进行各项试验
C. 不制备力学性试验的试样,同时应尽快与委托方进行沟通,妥善处理并记录处理过程

14. 岩石横波测试时，一般采用(　　)耦合。

A. 铝箔　　B. 凡士林　　C. 黄油

15. 室内侧限压缩试验测得的 $e-P$ 曲线愈陡，表明该土样的压缩模量(　　)。

A. 愈大　　B. 愈小　　C. 愈均匀

16. 等效孔径 O_{95} 的含义是允许(　　)的颗粒(以质量计)通过筛布。

A. 95%　　B. 5%　　C. 0.95%

17. 岩石的饱和吸水率采用真空抽气法测定时，试件饱和抽气时间不得少于(　　)。

A. 8 h　　B. 6 h　　C. 4 h

18. 由原位载荷试验测定的地基荷载变形曲线上规定的变形所对应的荷载值称为(　　)。

A. 地基承载力基本值　　B. 地基承载力特征值

C. 地基承载力设计值

19. 岩石的单轴抗压强度受加载速率的影响，单轴抗压强度试验加载速率一般控制在每秒(　　)。

A. 0.5 ~1.0 MPa　　B. 0.1 ~0.5 MPa　C. 1.0 ~2.0 MPa

20. 土工合成材料试验的试样剪取最主要的原则是(　　)。

A. 合理性　　B. 代表性　　C. 可靠性

21. 分析饱和黏土的短期稳定和短期承载力问题，应选择(　　)。

A. 固结排水强度指标　　B. 固结不排水强度指标

C. 不固结不排水强度指标

22. 如果土中含有有机质，采用烘干法测量其含水率时，烘干温度应控制在(　　)。

A. 65 ~70℃　　B. 85 ~90 ℃　　C. 105 ~110 ℃

23. 直剪试验分为快剪、固结快剪和慢剪试验，下列(　　)可以进行快剪试验。

A. 黏土　　B. 砂土　　C. 粉土

24. 黏性土样在进行固结试验前，应采用(　　)。

A. 水头饱和　　B. 毛细管饱和　　C. 抽气饱和

25. 下列试验中，可以采用风干样的是(　　)。

A. 含水率试验　　B. 颗分试验　　C. 土粒比重试验

26. 酒精燃烧法测得的含水率一般(　　)烘干法测得的含水率。

A. 大于　　　　　　B. 小于　　　　　　C. 等于

27. 计算地基承载力时，对地下水位以下的土层，土的重度应选用(　　)。

A. 饱和重度　　　B. 天然重度　　　C. 浮重度　　　D. 平均重度

28. 振冲法加固软黏土地基，下面说法正确的是(　　)。

A. 以挤密作用为主　　　　　　B. 以置换作用为主

C. 以固结作用为主　　　　　　D. 以压缩作用为主

29. 单桩压重法载荷试验的压重量一般应大于单桩极限承载力的(　　)。

A. 0.5 倍　　　B. 1.0 倍　　　C. 1.2 倍　　　D. 2.0 倍

30. 十字板试验时应控制十字板头转速为(　　)。

A. 1°/s　　　B. 1°/10 s　　　C. 10°/s　　　D. 1°/min

31. 自由膨胀率大于等于(　　)的土，应判定为膨胀土。

A. 35%　　　　　　B. 40%　　　　　　C. 50%

32. 排水固结预压法处理地基时，砂井的作用为(　　)。

A. 增加排水距离　　　B. 缩短排水距离　C. 形成砂桩

33. 在防渗墙检测的方法中，能有效检测水泥搅拌桩防渗墙间开叉、吊脚以及液压抓斗板墙每序之间的接缝等质量问题的方法是(　　)。

A. 探地雷达方法　　　B. 弹性波 CT　　　C. 高密度电阻率法

34. 岩石饱和吸水率是试件在(　　)下的最大吸水量与试件固体质量的比值。

A. 常温高压　　　　B. 自然吸水　　　C. 强制饱和状态

35. 黄土的湿陷性试验的目的是测定黄土(　　)的关系，以计算有关黄土压缩性指标。

A. 轴向压缩变形和体积变形　　　　B. 变形和压力

C. 渗透性和压力

36. 土工织物的厚度一般是指在(　　)压力下其顶面至底面间的垂直距离。

A. 10 kPa　　　　　B. 5 kPa　　　　　C. 2 kPa

37. 变水头渗透试验适用于(　　)。

A. 砂砾石　　　　　B. 碎石土　　　　　C. 黏性土

38. 在渗流场中某点的渗透力(　　)。

A. 与水力坡降(水力梯度)成反比

B. 与水力坡降(水力梯度)成正比

C. 与水力坡降无关

39. 以下关于用声波反射法检测单根锚杆检测信号时的注意事项说法正确的是(　　)。

A. 单根锚杆检测的有效波形记录不应少于5个

B. 单根锚杆检测的有效波形应削峰

C. 不应失真和产生零漂

40. 岩石耐崩解性试验适用于(　　)。

A. 破碎及较破碎岩石　　B. 风化岩石　　C. 新鲜岩石

三、多项选择题(每题有两个或两个以上正确答案,将正确答案的序号填在括号内;每题2分,共80分,错选或多选本题不得分;少选,但选择正确的每个选项得0.5分)

1. 土体原位测试的特点有(　　)。

A. 受土体不均匀性影响,试验结果离散性一般较大

B. 可在明确、可控制的应力条件下进行试验

C. 排水条件不能很好控制

D. 可模拟各种应力条件进行试验

2. 压水试验的压力计算零线的确定方法为(　　)。

A. 当地下水位在试段以下时,压力计算零线为通过试段中点的水平线

B. 当地下水位在试段以内时,压力计算零线为通过地下水位以上试段中点的水平线

C. 当地下水位在试段以上时,压力计算零线为地下水位线

D. 以上全对

3. 土的抗剪强度指标一般通过(　　)试验获得。

A. 三轴压缩　　B. 直接剪切　　C. 单向拉伸　　D. 固结

4. 可作为反滤材料的主要土工合成材料产品有(　　)。

A. 无纺土工织物　B. 有纺土工织物　C. 土工格栅　　D. 复合土工膜

5. 分散性土通常有以下哪几种鉴定方法(　　)。

A. 针孔冲刷试验　B. 渗透试验　　C. 双比重计试验　D. 碎块试验

6. 目前国内外应用最普遍、技术发展最成熟的地应力测量方法为(　　)。

A. 钻孔套心应力解除法　　　　B. 孔壁应变法

C. 水压致裂法　　　　　　　　D. 孔底应变法

7. 除剪切流变试验外，在常规的岩石剪切试验中，大致分(　　)施加剪切载荷。

A. 快速剪切法　B. 慢速剪切法　C. 时间控制法　D. 变形控制法

8. 影响岩体波速测试的主要因素包括(　　)。

A. 换能器与测试岩体之间的耦合好坏　B. 测试系统的零延时值

C. 测试方法　D. 测试标准

9. 判断土的密实状态的指标有(　　)。

A. 最大干容重　B. 孔隙比　C. 饱和度　D. 相对实度

10. 下列关于黏性土稠度的说法错误的是(　　)。

A. 塑性指数表示土处于可塑状态的含水率的变化范围

B. 同一种土液性指数越大，含水率越高

C. 蝶式仪测试的是土的塑限值

D. 塑限是流动状态与可塑状态的界限含水率

11. 以下关于土的渗透性描述正确的是(　　)。

A. 渗流速度为其实际流动速度

B. 水在土中的渗流速度与水力梯度成正比

C. 测定黏性土的渗透系数宜用常水头法

D. 渗流力的大小与水力梯度成正比

12. 评价土的压缩性指标主要有(　　)。

A. 压缩系数　B. 压缩指数　C. 泊松比　D. 变形模量

E. 孔隙比

13. 三轴压缩试验测定的土的强度指标包括(　　)。

A. 正应力　B. 内摩擦角　C. 黏聚力　D. 轴向应变

14. 测量土的含水率的试验方法有(　　)。

A. 环刀法　B. 烘干法　C. 虹吸筒法　D. 酒精燃烧法

15. 现场测试土的密度的方法包括(　　)。

A. 环刀法　B. 灌砂法　C. 蜡封法　D. 比重法

16. 烘干法测试土的含水率，可能产生的误差包括(　　)。

A. 试样不饱和　B. 试样的代表性不够

C. 试样未达到恒重就从烘箱中取出　D. 试样称量不准

17. 轻型动力触探适用于(　　)填土。

A. 黏性素填土　B. 冲填土　C. 粗粒填土

18. 单桩水平载荷试验能测定(　　)。

A. 桩身的完整性　　　　B. 地基土的水平抗力系数

C. 单桩水平承载力

19. 防渗墙质量检测方法有(　　)。

A. 注水试验　　　B. 十字板试验　　C. 探地雷达　　　D. 静力触探

20. 地基原位试验结果中需要进行杆长修正的是(　　)。

A. 标准贯入　　　B. 静力触探　　　C. 十字板试验　　D. 动力触探

21. 十字板剪切试验可用于原位测定(　　)。

A. 饱和软黏土的不排水总强度　　　B. 饱和软黏土的灵敏度

C. 饱和软黏土的有效强度　　　　　D. 饱和软黏土的内摩擦角

22. 三轴压缩试验的目的就是根据莫尔 - 库仑破坏准则测定土的强度参数(　　)。

A. 压缩模量　　　B. 内摩擦角　　　C. 黏聚力　　　　D. 弹性模量

23. 关于岩石单轴抗压强度试验说法正确的有(　　)。

A. 试件含水状态可根据需要选择天然状态、烘干状态或饱和状态

B. 同一含水状态下每组试件数量不少于 2 个

C. 试验强度值随试件尺寸的增大而降低

D. 岩石饱和抗压强度与干抗压强度的比值称为岩石的软化系数,软化系数小于 1

24. 静力载荷试验,试验终止的条件有(　　)。

A. 承压板周边的土体出现明显侧向挤出

B. 本级荷载的沉降量急剧减小,$p-s$ 曲线出现陡降段

C. 在某级荷载下 24 h 沉降速率不能达到稳定标准

D. 总沉降量与承压板直径(或边长)之比超过 0.06

25. 土体承受的现有压力小于等于先期固结压力时,土体可能为(　　)。

A. 超固结土　　　B. 正常固结土　　C. 欠固结土　　　D. 未固结土

26. 现场铺设土工膜都需要将它们拼接成整体。拼接方法有(　　)。

A. 电焊法　　　　B. 粘接法　　　　C. 热熔焊接法　　D. 氧焊法

27. 土工合成材料老化试验方法有(　　)。

A. 红外灯照射试验　　　　　　　　B. 自然气候暴露试验

C. 室内光源人工加速耐候试验　　　D. 白炽灯照射试验

28. 宜采用电阻应变片法进行岩体单轴压缩变形试验的岩石有(　　)。

A. 坚硬岩石　　　B. 软岩　　　　　C. 较坚硬岩石　　D. 极软岩

29. 土的直接剪切试验可分为(　　)。

A. 快剪　　　B. 固结快剪　　　C. 慢剪　　　D. 固结排水剪

30. 强夯法主要施工参数包括(　　)。

A. 设计要求的密实度　　　B. 单位夯击能

C. 夯击点的布置及间距　　　D. 夯击遍数

31. 地基中的应力包括(　　)。

A. 自重应力　　　B. 基底压力　　　C. 附加应力　　　D. 土的侧向应力

32. 地基的设计承载力应根据基础的下列(　　)项进行深宽修正。

A. 基础埋深　　　B. 基础长度　　　C. 基础宽度　　　D. 基础类型

33. 下列方法(　　)是地基的原位试验方法

A. 钻探　　　B. 载荷试验　　　C. 触探试验　　　D. 三轴压缩试验

34. 以下(　　)是复合地基。

A. 灰土桩　　　B. 砂石桩　　　C. 深层搅拌桩

D. 预制混凝土桩　　　E. 钢桩

35. 钻孔灌注桩施工中泥浆的作用有(　　)。

A. 护壁　　　B. 增加地基承载力　　　C. 携带岩屑出地面

D. 加固地基　　　E. 润滑和冷却钻头

36. 土压力分为(　　)。

A. 静止土压力　　　B. 朗肯土压力　　　C. 库仑土压力

D. 主动土压力　　　E. 被动土压力

37. 场地的地震效应主要表现在下列(　　)方面。

A. 共振作用　　　B. 振密作用　　　C. 放大作用

D. 地基的失稳与不均匀沉降

38. 填土包括以下(　　)种。

A. 素填土　　　B. 杂填土　　　C. 冲(吹)填土

D. 人工填土　　　E. 机械填土

39. 三轴压缩试验可分为(　　)。

A. 固结快剪　　　B. 不固结不排水剪

C. 固结不排水剪　　　D. 固结排水剪

40.《土的分类标准》(GBJ 145—90)把粗粒土分为(　　)。

A. 砾类土　　　B. 砂类土　　　C. 亚砂土　　　D. 粉土

岩土工程(二)

满分:150分

一、判断题(每题1分,共30分;对者在括号内划"√",错者划"×")

1. 岩石含水率试验的烘干标准,根据目前国内外有关规程有时间控制和称量控制两种。 ( )
2. 岩石饱水系数是指岩石自然吸水率与饱水系数的比值,以百分数表示。 ( )
3. 岩石颗粒密度是岩石的质量与体积的比值。 ( )
4. 通常的岩体变形试验的变形稳定标准有如下三种标准:以一定时间内变形的绝对变化值为标准,以一定时间内变形的相对变化值为标准,以时间作为变形稳定标准。 ( )
5. 常用的岩石强度理论主要有库仑强度准则、莫尔强度准则和格里菲斯强度理论。 ( )
6. 对于浅层岩体地应力,平均水平应力与铅垂应力的比值随深度而变化。 ( )
7. 岩体表面应力测试法主要包括表面应力解除法和表面应变恢复法。 ( )
8. 岩体应变观测中,观测点布置时应变计可以跨越结构面。 ( )
9. 室内土工试验主要分为土的物理性试验、土的力学性试验和土的化学性试验。 ( )
10. 除土的粒径分布曲线外,土体的各种物理性质指标中,有五个是独立的。 ( )
11. 黏性土在工程上常用的界限含水率有液限、塑限、固限。 ( )
12. 相对密实度小于0.3的土属于密实性土。 ( )
13. 黏性土的渗透系数一般采用常水头法进行测定。 ( )
14. 高压缩性土的压缩指数一般大于0.4,低压缩性土的压缩指数一般小于0.2。 ( )
15. 黏聚力和内摩擦角是土体的抗剪强度指标,黏性土的黏聚力一般较砂性土大。 ( )

16. 土体直接剪切试验按排水条件和加荷速率可以分为快剪、固结快剪、慢剪和固结慢剪四种。（　　）

17. 黏性土的颗粒分析试验通常使用筛分法。（　　）

18. 当黄土湿陷性系数小于0.015时，应定为非湿陷性黄土。（　　）

19. 地基土的破坏形式一般分为整体剪切破坏、局部剪切破坏、冲剪破坏。（　　）

20. 地基土体初始应力状态和应力历史参数可以通过原位测试获得。（　　）

21. 标准贯入试验设备主要由贯入器、触探杆、穿心锤三部分组成。（　　）

22. 土工膜焊缝质量检验包括三方面的内容：目测、焊缝检漏、抽样检查。（　　）

23. 根据桩身材料特性，桩可以分为摩擦桩和端承桩。（　　）

24. 基桩检测时，检测结果评价要求完整性检测与承载力检测相互配合，多种检测方法相互验证与补充。（　　）

25. 混凝土强度评定方法有三种：方差已知的统计方法、方差未知的统计方法、非统计评定方法。（　　）

26. 静载试验桩的破坏模式，主要包括桩身结构强度破坏和桩身结构稳定性破坏。（　　）

27. 高喷注浆法具有适应范围广、施工简便、耐久性强、浆液集中、流失较少等特点。（　　）

28. 按照受力方法，锚杆可以分为拉力型锚杆和压力型锚杆。（　　）

29. 锚杆锚固段注浆施加结束后即可进行锚杆拉拔试验。（　　）

30. 锚杆锚固质量无损检测内容包括锚杆杆体长度检测和锚固密实度检测。（　　）

二、单项选择题（在给定的选项中，选出正确者填入括号内，每题1分，共40分）

1. 普通岩石含水率试验的烘干温度可以为（　　）。

A. 106 ℃　　B. 100 ℃　　C. 66 ℃　　D. 70 ℃

2. 不规则膨胀岩的块体密度测量可以用（　　）。

A. 量积法　　B. 水中称量法　　C. 密封法　　D. 以上都可以

3. 岩体结构面抗剪强度参数主要采用（　　）方法获得。

A. 单轴压缩试验　　B. 结构面直剪试验

C. 三轴压缩试验　　　　　　　　D. 直接剪切试验

4. 规程中岩体现场载荷试验承压板法面积为(　　)。

A. 100 ~ 200 cm^2　　　　　　B. 200 ~ 500 cm^2

C. 500 ~ 1 000 cm^2　　　　　D. 2 000 cm^2

5. 对于孔底应变法测试中应变计的安装，规定检查系统的绝缘值不应小于(　　)MΩ。

A. 20　　　B. 30　　　C. 40　　　D. 50

6. 岩石声波测试中，当(　　)时岩石可以看做无限介质。

A. 边界尺寸大于 10 倍波长　　　　B. 边界尺寸大于 3 倍波长

C. 边界尺寸在 5 ~ 10 倍波长之间　D. 边界尺寸小于 5 倍波长

7. 天然岩体自重应力(　　)。

A. 随深度增加而增加　　　　　　B. 与构造应力有关

C. 等于岩体初始应力　　　　　　D. 不确定

8. 岩石点荷载强度试验试样尺寸的参考直径是(　　)。

A. 30 mm　　　B. 50 mm　　　C. 7 cm　　　D. 10 cm

9. 土的三项基本可以直接量测的物理指标是 (　　)。

A. 孔隙比、天然含水量和饱和度　　B. 孔隙率、相对密度和密度

C. 天然重度、天然含水量和相对密度　D. 饱和度、密度、含水率

10. 岩石遭风化剥蚀后残留在原地而未被搬运的土层称为(　　)

A. 风积土　　　B. 坡积土　　　C. 残积土　　　D. 运积土

11. 膨胀土中，引起土体胀缩最主要的成分是(　　)。

A. 长石　　　B. 伊利石　　　C. 蒙脱石　　　D. 高岭石

12. 饱和土体的固结过程应该是(　　)。

A. 孔隙水压力不断增加的过程

B. 有效应力的增加而孔隙水压力减小的过程

C. 有效应力不断减小的过程

D. 有效应力的减小而孔隙水压力增加的过程

13. 在工程中，利用侧限压缩试验确定该土为中等压缩性土，则该土的压缩系数为(　　)。

A. $\alpha_{1-2} < 0.1\ MPa^{-1}$

B. $0.1\ MPa^{-1} < \alpha_{1-2} < 0.5\ MPa^{-1}$

C. $0.5\ MPa^{-1} < \alpha_{1-2} < 0.8\ MPa^{-1}$

D. $\alpha_{1-2} > 0.8\ MPa^{-1}$

14. 饱和黏土地层的固结应力与前期固结应力(　　)。

A. 都是总应力　　B. 都是有效应力

C. 不能确定前期固结应力是否全转化为有效应力

D. 不能确定固结应力是否全转化为有效应力

15. 在荷载作用下,引起饱和地基土固结沉降的主要因素是(　　)。

A. 地基中水的排出　　B. 地基中气体的压缩

C. 地基中土颗粒的压缩　　D. 地基中水的压缩

16. 正常固结黏土,进行三轴试验时(　　)。

A. $C_{cu} > C_d$　　B. $C_{cu} < C_d$　　C. $C_{cu} = C_d$

D. 随土样的分类与性质不同而不同

17. 下列哪种试验在试验过程中可以测量孔隙水应力(　　)。

A. 直接剪切试验　　B. 三轴试验

C. 无侧限抗压强度试验　　D. 十字板试验

18. 紧砂与强超固结土在三轴仪上进行排水剪试验,孔隙水应力(　　)。

A. 不确定　　B. 在剪破的时候为负值

C. 在剪破的时候为正值　　D. 在剪破的时候为0

19. 对同一建筑物的基础和地基,临塑荷载 p_{cr}、设计承载力 $p_{1/4}$、极限荷载 p_u 三者之间的大小关系为(　　)。

A. $p_{cr} > p_{1/4} > p_u$　　B. $p_{1/4} > p_{cr} > p_u$　　C. $p_{cr} > p_u > p_{1/4}$　　D. $p_u > p_{1/4} > p_{cr}$

20. 在土质堤坝施工期的稳定安全问题分析中,应选择(　　)。

A. 固结排水强度指标　　B. 固结不排水强度指标

C. 不固结不排水强度指标　　D. 不固结排水强度指标

21. 计算地基承载力时,对地下水位以下的土层,土的重度应选用(　　)。

A. 饱和重度　　B. 天然重度　　C. 浮重度　　D. 平均重度

22. 土工合成材料的功能很多,归纳为七种,其中有(　　)。

A. 防腐功能　　B. 加筋功能　　C. 清洁功能　　D. 防火功能

23. 土工合成材料具有防渗功能,下列材料中用于防渗的材料是(　　)。

A. 土工织物　　B. 土工膜　　C. 土工格栅　　D. 土工格室

24. 土工合成材料厚度测试压力为(　　)。

A. 1 kPa　　B. 2 kPa　　C. 5 kPa　　D. 10 kPa

25. 饱和软黏土地基可以用(　　)方法处理。

A. 碾压　　B. 振密　　C. 夯实　　D. 排水固结

26. 桩身完整性分类为Ⅰ类的是(　　)。

A. 桩身完整　　B. 桩身轻微缺陷

C. 桩身严重缺陷　　D. 桩身明显缺陷

27. 可以确定桩身缺陷位置的是(　　)。

A. 静载荷试验　B. 抗拔试验　C. 钻芯法　D. 低应变法

28. 低应变法桩身完整性检测实心桩时,传感器在(　　)。

A. 中心　　B. 边缘

C. 中心与边缘之间离中心 1/3　　D. 中心与边缘之间离边 1/3

29. 超声测桩数字声波仪器的声时最小分度为(　　)。

A. 0.1 微秒　B. 0.1 秒　C. 0.1 毫秒　D. 0.1 纳秒

30. 单项或单元工程锚杆无损检测数量为(　　)。

A. 10% 抽检　　B. 全部检测

C. 不少于 20 根　　D. 以上答案都不全面

31. 反循环钻进是(　　)。

A. 钻具顺时针旋转　　B. 钻具逆时针旋转

C. 泥浆从钻杆流进孔内然后由钻具与孔壁之间间隙流出地表

D. 泥浆从钻具与孔壁之间间隙流进孔内然后由钻杆上部抽吸出地表

32.《土的分类标准》(GBJ 145—90)把细粒土分为(　　)。

A. 粉土和黏土　　B. 亚黏土和亚砂土

C. 亚砂土和黏土　　D. 黏性土和非黏性土

33. 击实试验测定的两大指标是(　　)。

A. 最大干密度和最优含水率　　B. 土体的抗剪强度

C. 重度和含水率　　D. 压实度

34. 土的渗透性试验是由(　　)首先进行的。

A. 太沙基　B. 朗肯　C. 库仑　D. 达西

35. 地基中的有效应力等于(　　)。

A. 附加应力与自重应力之和　　B. 总应力与孔隙水应力之差

C. 基地压力与上覆荷载之和

D. 地基中某点的垂直应力与水平应力之和

36. 太沙基单向固结理论是基于(　　)推导的。

A. 达西定理　B. 渗透定律　C. 有效应力原理　D. 库仑定律

37. 莫尔－库仑破坏准则中,剪破面与大主应力之间的夹角为(　　)。

A. $45° + \varphi/2$　B. $45° - \varphi/2$　C. $45° + \varphi$　D. $45° - \varphi$

38. 岩体地应力与埋藏深度的关系是(　　)。

A. 随着深度的增加而减小　　B. 随着深度的增加而增大

C. 与深度无关　　D. 随深度变化呈正态分布

39. 群桩承载力为(　　)。

A. 单桩承载力之和　　B. 大于单桩承载力之和

C. 小于单桩承载力之和　　D. 单桩承载力之和加承台底部应力

40. 渗透变形可分为(　　)两种型式。

A. 管涌和流土　　B. 管涌型土和非管涌型土

C. 流土型土和非流土型土　　D. 流砂和流土

三、多项选择题(每题有两个或两个以上正确答案,将正确答案的序号填在括号内;每题 2 分,共 80 分,错选或多选本题不得分;少选,但选择正确的每个选项得 0.5 分)

1. 下列选项中,哪些是描述岩体强度特征的力学参数(　　)。

A. 单轴抗压强度　　B. 单轴抗拉强度　　C. 三轴抗压强度

D. 抗剪强度　　E. 弹性模量

2. 岩石吸水性指标主要有(　　)。

A. 自然吸水率　　B. 饱和吸水率　　C. 饱水系数

D. 渗透系数　　E. 软化系数

3. 岩石颗粒密度试验方法有(　　)。

A. 比重瓶法　　B. 水中称量法　　C. 筛分法

D. 灌水法　　E. 灌砂法

4. 影响岩石抗压强度的因素主要有(　　)。

A. 矿物成分　　B. 结晶大小　　C. 颗粒联结

D. 含水量　　E. 加压方向

5. 岩体变形试验的压力变形曲线的类型有(　　)。

A. 直线型　　B. 上凹型　　C. 下凹型

D. 长尾型　　E. 陡坎型

6. 岩体变形试验方法中,钻孔变形试验方法的优点是(　　)。

A. 设备轻,便于携带　　B. 可在一个孔中进行多点试验

C. 操作简便　　D. 结果精度高　　E. 试验周期长

7. 常规的岩石剪切试验中,施加剪切载荷的方法有(　　)。

A. 快速剪切法　　B. 时间控制法　　C. 变形控制法

D. 应力控制法　　E. 慢速剪切法

8. 岩体物理力学性质与声波波速的关系有(　　)。

A. 岩石种类、岩性与波速有关　　B. 裂隙发育程度与波速有关

C. 密度与波速有关　　D. 孔隙率与波速有关　　E. 含水量与波速有关

9. 土体的重要特点有(　　)。

A. 散体性　　B. 多相性　　C. 自然变异性

D. 各向同性　　E. 均质性

10.《建筑地基基础设计规范》中根据液性指数的大小划分黏性土的状态有(　　)。

A. 坚硬　　B. 硬塑　　C. 可塑

D. 软塑　　E. 流塑

11. 饱和土体受荷产生压缩固结过程主要包括以下(　　)方面。

A. 土体孔隙中强吸着水排出　　B. 土体孔隙中自由水逐渐排出

C. 土体孔隙体积逐渐减小　　D. 土体颗粒体积逐渐增加

E. 孔隙水压力逐渐转移到土骨架来承受

12. 太沙基一维固结理论的基本假定有(　　)。

A. 土是均质、各向同性和完全饱和的

B. 土粒和孔隙水都是不可压缩的

C. 土中附加应力沿水平面是无限延伸均匀分布的

D. 土中水的渗流服从达西定律

E. 外荷是一次性骤然施加的

13. 土体三轴剪切试验按固结和剪切时的排水条件,可以分为(　　)。

A. 不固结不排水剪　　B. 固结不排水剪　　C. 固结排水剪

D. 不固结排水剪　　E. 固结快剪

14. 由于含水率的变化而导致工程性质剧烈变化的特殊土的有(　　)。

A. 膨胀土　　B. 湿陷性黄土　　C. 冻土

D. 三色土　　E. 膨润土

15. 下列属于土体密度试验方法的有(　　)。

A. 环刀法　　B. 蜡封法　　C. 灌砂法

D. 灌水法　　E. 核子射线法

16. 土体颗粒分析的试验方法有(　　)。

A. 筛分法　　B. 密度计法　　C. 移液管法

D. 灌水法　　E. 灌砂法

17. 对于界限含水率的试验方法,目前国际上测定液限的方法有(　　)。

A. 比重计法　B. 蝶式仪法　C. 圆锥仪法
D. 烘干法　E. 核子射线法

18. 下列选项中,属于土工织物在工程中具有的功能有(　　)。
A. 反滤功能　B. 排水功能　C. 隔离功能
D. 加筋功能　E. 防渗功能

19. 土工织物材料的力学性能指标主要包括(　　)。
A. 垂直渗透系数　B. 透水率　C. 平面渗透系数
D. 导水率　E. 梯度比

20. 水利水电工程中常用的地基土原位试验包括(　　)。
A. 原位土体剪切试验　B. 十字板剪切试验　C. 静力荷载试验
D. 静力触控试验　E. 波速试验

21. 静力载荷试验中,浅层平板载荷试验的设备由(　　)组成。
A. 加荷系统　B. 反力系统　C. 量测系统
D. 支撑系统　E. 平衡系统

22. 在波速试验中,可以分为下列哪些试验方法(　　)。
A. 跨孔波速法　B. 单孔波速法　C. 面波法
D. 横波法　E. 纵波法

23. 建筑物地基所面临的主要问题有(　　)。
A. 强度问题　B. 稳定性问题　C. 变形问题
D. 渗漏和溶蚀问题　E. 振动液化问题

24. 碾压夯实处理地基时,常用的施工方法有(　　)。
A. 机械碾压法　B. 振动压实法　C. 重锤夯实法
D. 强夯法　E. 静压法

25. 影响桩基承载力的主要因素有(　　)。
A. 桩身所穿越地层的强度、变形性质和应力历史
B. 桩端持力层的强度和变形性质
C. 桩身和桩底的几何特征
D. 桩材料强度
E. 群桩的几何参数

26. 判断基桩承载能力极限状态的标准是(　　)。
A. 基桩达到最大承载力　B. 基桩出现不适于继续承载的变形
C. 基桩发生整体失稳　D. 桩头位移过大　E. 桩身破损

27. 影响单桩竖向抗拔承载力的因素主要有(　　)。

A. 桩周围土体的影响　　B. 桩自身因素影响　　C. 施工因素影响
D. 休止时间影响　　E. 上部荷载影响

28. 防渗墙施工方法主要有(　　)。
A. 深搅法　　B. 高喷法　　C. 注浆法
D. 振动沉模板法　　E. 射水法

29. 下列属于防渗墙质量主要检测方法的有(　　)。
A. 防渗围井检测法　　B. 静力触探检测法　　C. 注水试验检测法
D. 测压管检测法　　E. 同位素示踪法

30. 下列属于单根锚杆锚固质量评价内容的有(　　)。
A. 全长黏结型锚杆杆件长度和锚固密实度
B. 自钻式锚杆杆体长度和锚固密实度
C. 端头锚固锚杆杆体长度和锚固密实度
D. 摩擦型锚杆杆体长度
E. 摩擦型锚杆杆体密实度

31. 固结系数的确定方法有(　　)。
A. 三轴压缩试验法　　B. 直接剪切试验法
C. 时间对数法　　D. 时间平方根法

32. 黏土矿物主要由(　　)组成。
A. 高岭石　　B. 蒙脱石　　C. 伊利石　　D. 长石

33. 影响地基承载力的因素有(　　)。
A. 土的重度　　B. 基础宽度　　C. 基础埋深　　D. 上部荷载
E. 基础类型

34. 摩擦桩产生负摩擦力的原因是(　　)。
A. 欠固结土的自重固结　　B. 软土或新填土的表面大量堆载
C. 软土层地下水位下降　　D. 桩身摩擦力变小
E. 土体剪切破坏

35. 下列(　　)是特殊土。
A. 黏土　　B. 湿陷性黄土　　C. 膨胀土　　D. 红黏土
E. 人工填土

36. 轻微扰动土样可以进行下列(　　)试验。
A. 土样定名　　B. 含水率　　C. 密度　　D. 强度
E. 固结试验

37. 决定岩土强度的指标主要有(　　)。

A. 重度　B. 抗剪强度　C. 埋深　D. 上部荷载

38. 无侧限抗压强度试验可用于测定(　　)。

A. 饱和沙土的灵敏度　B. 饱和砂土的强度

C. 饱和黏性土的黏聚力　D. 饱和黏性土的灵敏度

39. 土的物理性质室内测定指标为(　　)。

A. 密度　B. 含水率　C. 比重　D. 饱和度

40. 土的物理性质导出指标为(　　)。

A. 比重　B. 饱和度　C. 孔隙度　D. 干密度

岩土工程(三)

满分:150 分

一、判断题(每题1分,共30分;在题后括号内,正确的划"√",错误的划"×")

1. 1999年,以我国国情和多年来冻土试验比较成熟的经验为基础,在修订的《土工试验方法标准》(GB/T 50123—1999)中增加了冻土试样的物理性试验,这是我国第一部有关冻土物理性试验的国家标准。 (　)
2. 灌砂法测定土的密度时,试坑的尺寸应与试样的粒径相配合,以使所取的试样有足够的代表性。 (　)
3. 材料的吸水性用含水率来表示。 (　)
4. 气硬性胶凝材料,既能在空气中硬化又能在水中硬化。 (　)
5. 有抗渗性要求的混凝土不宜选用矿渣硅酸盐水泥。 (　)
6. 相对湿度越大,混凝土碳化的速度就越快。 (　)
7. 石料的孔隙率是石料的孔隙体积占其试样总体积的百分率。 (　)
8. 石料的软化系数越小,耐水性能越好。 (　)
9. 细度模数越大,表示细集料越粗。 (　)
10. 气硬性胶凝材料只能在空气中硬化,而水硬性胶凝材料只能在水中硬化。 (　)
11. 石膏浆体的凝结硬化实际上是碳化作用。 (　)
12. 用沸煮法可以全面检验硅酸盐水泥的体积安定性是否良好。 (　)
13. 在粒化高炉矿渣中加入少量石膏共同磨细,即可制得矿渣硅酸盐水泥。 (　)
14. 试拌混凝土时若测定混凝土的坍落度满足要求,则混凝土的工作性良好。 (　)
15. 在进行防渗墙质量检测方法中,探地雷达法、可控源音频大地电磁法、瑞雷波法、浅层地震法等均属于无损检测的方法。 (　)
16. 混凝土的强度平均值和标准差,都是说明混凝土质量的离散程度的。 (　)

17. 在混凝土施工中,统计得出混凝土强度标准差越大,则表明混凝土生产质量不稳定,施工水平越差。（　　）

18. 高性能混凝土就是指高强度的混凝土。（　　）

19. 砂浆的流动性是用分层度表示的。（　　）

20. 碱性石料与石油沥青的黏附性较酸性石料与石油沥青的黏附性好。（　　）

21. 沥青混合料是一种复合材料,由沥青、粗集料、细集料和矿粉以及外加剂所组成。（　　）

22. CFG 桩在受力特性方面介于碎石桩和钢筋混凝土桩之间。（　　）

23. 沥青混合料主要技术性质为:高温稳定性、低温抗裂性、耐久性、抗滑性和施工和易性。（　　）

24. 高分子化合物按其链节在空间排列的几何形状,可分为线型聚合物和体型聚合物两类。（　　）

25. 抗拉强度是钢材开始丧失对变形的抵抗能力时所承受的最大拉应力。（　　）

26. 锰对钢的性能产生一系列不良的影响,是一种有害元素。（　　）

27. 木材的持久强度等于其极限强度。（　　）

28. 木材平衡含水率随空气温度和相对湿度的变化而变化。（　　）

29. 塑料排水板带土工合成材料不适用于土体的加筋。（　　）

30. 混合岩属于深变质岩岩类。（　　）

二、单项选择题（每题只有一个答案是正确的,将正确答案的序号填在括号内;每题 1 分,共 40 分）

1. 石坝坝基加固处理不宜采用下列(　　)项措施。

A. 固结灌浆与锚固　　B. 建立防渗帷幕或防渗墙

C. 建立排水帷幕　　D. 坝身采用黏土心墙防渗

2. 有一墙背直立的重力式挡土墙,墙后填土由上下两层土组成,γ、c、φ 分别表示土的重度,内聚力及内摩擦角,如果 $C_1 \approx 0$,$C_2 > 0$,问只有在下列(　　)种情况下用朗肯土压力理论计算得到的墙后主动土压力分布才有可能从上而下为一条连续的直线。

A. $\gamma_1 > \gamma_2, \varphi_1 > \varphi_2$　　B. $\gamma_1 > \gamma_2, \varphi_1 < \varphi_2$

C. $\gamma_1 < \gamma_2, \varphi_1 > \varphi_2$　　D. $\gamma_1 < \gamma_2, \varphi_1 < \varphi_2$

3. 采用预应力锚索时,下列选项中(　　)项是不正确的。

A. 预应力锚索由锚固段、自由段及紧固头三部分组成

B. 锚索与水平面的夹角以下倾15°~30°为宜

C. 预应力锚索只能适用于岩质地层的边坡及地基加固

D. 锚索必须作好防锈防腐处理

4. 岩土种类多，很不均匀，性质变化大，需特殊处理；严重湿陷、膨胀、盐渍、污染的特殊性岩土，以及其他情况复杂，需作专门处理的岩土属于(　　)。

A. 四级地基　　B. 三级地基

C. 二级地基　　D. 一级地基

5. 材料的抗冻性的优劣(　　)。

A. 仅与孔隙率有关　　B. 仅与强度有关

C. 与孔结构、强度、水饱和程度有关　　D. 与孔结构无关

6. 各硅酸盐水泥熟料反应速度的特点是：硅酸三钙(　　)，铝酸三钙(　　)，硅酸二钙(　　)。

A. 最快 最慢 中等　　B. 最慢 中等 最快

C. 中等 最慢 最快　　D. 中等 最快 最慢

7. 当完整性指数大于(　　)时，为完整岩体。

A. 0.75　　B. 0.65　　C. 0.55　　D. 0.45

8. (　　)为岩体压缩波速与岩块压缩波速之比的平方，选定岩体和岩块测定波速时，应注意其代表性。

A. 饱和单轴　　B. 抗压强度　　C. 完整性指数　　D. 抗拉指数

9. 粒径大于2 mm的颗粒质量超过总质量50%的土，应定名为(　　)。

A. 砂土　　B. 碎石土　　C. 粉土　　D. 黏性土

10. 粒径大于0.075 mm的颗粒质量不超过总质量的50%，且塑性指数等于或小于(　　)的土，应定名为粉土。

A. 10　　B. 13　　C. 15　　D. 17

11. 土粒的排列对于土的(　　)有很大影响。

A. 内摩擦角　　B. 临界强度　　C. 均匀性　　D. 塑限、液限

12. 矩形基础底面尺寸为$l=3$ m、$b=2$ m，受偏心荷载作用，当偏心距$e=0.3$ m时，其基底压力分布图形为(　　)。

A. 一个三角形　　B. 矩形　　C. 梯形　　D. 两个三角形

13. 箱形基础的埋置深度5 m，原始地下水位在地面以下0.5 m处，作用在基础底面的总压力为P，如地下水位下降3 m，基础底面平均附加压力的变化量将为下列(　　)值。

A. −30 kPa　　B. 0　　C. +30 kPa　　D. +45 kPa

14. 单向偏心荷载作用下的矩形基础。基底压力分布形状与偏心距 e 的大小有关,设 L 为基底偏心向长度,问当荷载偏心距的大小符合下列(　　)条件时,基底压力为梯形。

A. $e<L/6$　　B. $e=L/6$　　C. $e>L/6$　　D. $e=0$

15. 在较厚的软土地基上建造多层或高层建筑物时,因软土地基的强度低、压缩性高,地基基础设计可考虑采用补偿基础设计。补偿性基础设计的主要目的是(　　)。

A. 减少基底压力　　B. 减少基底平均附加应力

C. 减少基底处土的自重应力　　D. 增加基底处土的自重应力

16. 孔隙比是由(　　)确定的。

A. 室内试验　　B. 野外试验　　C. 换算　　D. 经验判别

17. 独立高耸水塔基础采用正方形基础,基底平均压力值为 P,偏心距 e 控制值为 $e=b/12$(b 为基础底面宽度),验算偏心荷载作用下基底压力时,下列(　　)选项是正确的。

A. $P_{max}=1.4P$　$P_{min}=0.6P$　　B. $P_{max}=1.5P$　$P_{min}=0.5P$

C. $P_{max}=1.6P$　$P_{min}=0.4P$　　D. $P_{max}=2P$　$P_{min}=0$

18. 在相同稠度等级的沥青中,沥青质含量增加,使沥青的高温稳定性得到(　　),但低温抗裂性也相应(　　)。

A. 提高　提高　　B. 降低　降低　　C. 提高　降低　　D. 降低　提高

19. 在土的压缩曲线上,对应于横坐标上的压力荷载指的是(　　)。

A. 土层的自重应力　　B. 土层的附加应力

C. 土层的孔隙水压力　　D. 土层中的有效应力

20. 对于碾压土坝中的黏性土,在施工期采用总应力法进行稳定分析时,应采用下列(　　)试验确定土的强度指标。

A. 三轴固结排水剪试验　　B. 直剪试验中的慢剪试验

C. 三轴固结不排水试验　　D. 三轴不固结不排水试验

21. 在沥青的三种胶体结构中,(　　)具有较好的自愈性和低温时变形能力,但温度感应性较差。

A. 凝胶型结构　　B. 溶 − 凝胶型结构

C. 溶胶型结构　　D. 固胶型结构

22. 下列(　　)选项不宜采用立管式孔隙水压力计。

A. 观测弱透水层的稳定水位

B. 观测排水固结处理地基时的孔隙水压力

C. 观测强夯法处理地基时的孔隙水压力

D. 作为观测孔观测抽水试验的水位下降

23. 在其他条件相同时，悬壁式钢板桩和悬壁式混凝土地下连续墙所受基坑外侧土压力的实测结果应该是下列(　　)种情况。

A. 由于混凝土模量比钢材小，所以混凝土墙上的土压力更大

B. 由于混凝土墙上的变形小(位移)，所以混凝土墙上的土压力更大

C. 由于钢板桩的变形(位移)大，所以钢板桩上的土压力大

D. 由于钢材强度高于混凝土强度，所以钢板桩上的土压力更大

24. 关于地基土中土工合成材料加筋层的机理，下列(　　)种说法是错误的。

A. 扩散应力　　B. 调整地基不均匀变形

C. 增加地基稳定性　　D. 提高土的排水渗透能力

25. 在卵石层上的新填砂土上灌水，稳定下渗，地下水位较深，下列(　　)选项是有可能产生的后果。

A. 降低砂土的有效应力　　B. 增加砂土的自重应力

C. 增加砂土的基质吸力　　D. 产生管涌

26. 某工程地基为高压缩性软土层，为了预测建筑物的沉降历时关系，该工程的勘察报告中除常规岩土参数外还必须提供下列(　　)岩土参数。

A. 体积压缩系数 m_v　　B. 压缩指数 C_c

C. 固结系数 C_v　　D. 回弹指数 C_s

27. 将土体视为弹性介质，采用 m 法计算桩的水平承载力和位移时，其水平抗力系数随深度变化图式为下列(　　)种情况。

A. 不随深度而变　　B. 随深度线性增大

C. 随深度线性减小　　D. 随深度非线性变化

28. 使地基土产生冻胀的水是(　　)。

A. 强结合水　　B. 弱结合水　　C. 毛细水　　D. 重力水

29. 某宿舍楼采用墙下 C15 混凝土条形基础，基础顶面的墙体宽度 0.38 m，基底平均压力为 250 kPa，基础底面宽度为 1.5 m，基础的最小高度应符合下列(　　)选项的要求。

A. 0.70 m　　B. 1.00 m　　C. 1.20 m　　D. 1.40 m

30. 软黏土的特性指标如下，请判定其中(　　)指标是肯定有问题的。

A. 无侧限抗压强度 10 kPa　　B. 静力触探比贯入阻力值 30 kPa

C. 标准贯入锤击数 8 击/30 cm　　D. 剪切波速 100 m/s

31. 下列（　　）选项的岩体结构类型不属于《水利水电工程地质勘察规范》(GB 50287—99)的岩体结构分类之列。

A. 整体状、块状、次块状结构

B. 巨厚层状、厚层状、中厚层状、互层和薄层状结构

C. 风化卸荷状结构和风化碎块状结构

D. 镶嵌碎裂结构和碎裂结构

32.（　　）的沥青当施加荷载很小时，或在荷载作用时间很短时，具有明显的弹性变形。

A. 凝胶型结构　　B. 溶－凝胶型结构

C. 溶胶型结构　　D. 固胶型结构

33. 某滞洪区本年滞洪时淤积了 3.0 m 厚的泥沙，现进行勘察，下列（　　）选项的考虑是错的。

A. 原地面下原来的正常固结土变成了超固结土

B. 新沉积的泥沙是欠固结土

C. 新沉积的饱和砂土地震时可能液化

D. 与一般第四系土比在同样的物理性质指标状况下，新沉积土的力学性质较差

34. 勘察中，每层土应均匀采取土试样或进行原位测试，其数量不得少于（　　）个。

A. 4　　B. 6　　C. 5　　D. 8

35. 有一砂土土坡，其砂土的内摩擦角 $\varphi=35°$，坡度为 1:1.5，当采用直线滑裂面进行稳定性分析时，下列（　　）个滑裂面对应的安全系数最小（α 为滑裂面与水平地面间夹角）。

A. $\alpha=25°$　　B. $\alpha=29°$　　C. $\alpha=31°$　　D. $\alpha=33°$

36. 防止管涌的反滤层的填筑方式应为（　　）。

A. 将各级配的砂砾石拌和均匀后填筑

B. 顺水流方向分层，由细到粗分层碾压密实

C. 逆水流方向分层，由细到粗分层碾压密实

D. 只要求碾压密实、不透水

37. 熔融状态的物质，经急冷处理，凝固成固态，形成的结构为（　　）。

A. 晶体结构　　B. 玻璃体结构　　C. 胶体结构　　D. 溶胶结构

38. 同种材料（内部孔均为封闭孔），当表观密度（ρ_0）增大时，材料的（　　）。

A. 密度增大　　B. 导热性增大　C. 强度下降　　D. 导热性减小

39. 下列(　　)不是影响单桩水平承载力的因素。

A. 桩侧土性　　B. 桩端土性　　C. 桩的材料强度 D. 桩端入土深度

40. 混凝土立方体抗压强度试件的标准尺寸为(　　)。

A. 10 mm×10 mm×10 mm　　B. 15 mm×15 mm×15 mm

C. 20 mm×20 mm×20 mm　　D. 7.07 mm×7.07 mm×7.07 mm

三、多项选择题(每题有两个或两个以上正确答案,将正确答案的序号填在括号内;每题2分,共80分,错选或多选本题不得分;少选,但选择正确的每个选项得0.5分)

1. 岩体基本力学性质包括(　　)。

A. 岩体的变形性质　　B. 岩体的破坏特性

C. 岩体的强度性质　　D. 岩体的应力特性

2. 中华人民共和国国家标准《岩土工程勘察规范》(GB 50021—2001)适用于下列(　　)建设的岩土工程勘察。

A. 废弃物处理工程　　B. 水利工程　　C. 核电厂

D. 高速公路　　E. 岸边工程

3. 以化学风化为主的环境下,下列(　　)矿物易风化。

A. 石英　　B. 斜长石　　C. 白云母　　D. 黑云母

4. 按大中型水利水电工程勘察先后,可划分为规划、可行性研究、初步设计和技施设计四个阶段。下列(　　)说法是正确的。

A. 从规划、可行性研究、初步设计到技施设计阶段,勘察范围逐渐加大

B. 从规划、可行性研究、初步设计到技施设计阶段,工作深度应依次加深

C. 从规划、可行性研究、初步设计到技施设计阶段,勘察工作量应越来越大

D. 初步勘察阶段的工程地质勘察应查明水库建筑区的工程地质条件,进行选定坝型枢纽布置的地质论证和提供建筑物设计所需的工程地质资料

5. 按《水利水电工程地质勘察规范》(GB 50287—1999),初步设计阶段土石坝坝址勘察时,下述(　　)说法是正确的。

A. 工程地质测绘的范围应包括库址区及坝肩地段

B. 可采用综合测井查明覆盖层层次,测定土层密度

C. 勘探点间距宜采用50~100 m

D. 岩土试验时，第四系地层主要土层的物理力学性质试验组数累计不应小于 11 组

6. 根据地基的复杂程度，可按下列规定分为三个地基等级。符合下列条件之一者（　　）为一级地基（复杂地基）。

A. 岩土种类多，很不均匀；性质变化大，需特殊处理地基

B. 严重湿陷、膨胀、盐渍、污染的特殊性岩土地基

C. 情况复杂，需作专门处理的岩土地基

D. 分布较均匀，但厚度很大的软土地基

E. 岩土种类较多，不均匀，性质变化较大

7. 深层搅拌法和高压旋喷法的区别是（　　）。

A. 适用的地基不同，前者适用于饱和软黏土，后者适用于粉细砂及冲填土

B. 拌和手段不同，前者是机械拌和，后者是高压射流切割拌和

C. 使用的主固化剂不同，前者主要是用水泥浆体做主固化剂，后者是用水直接拌和

D. 两者加固的机理不同，前者是应用复合地基的加固机理，后者是应用桩基原理进行加固

8. 高压喷射法注浆有哪几种喷射移动方式？（　　）

A. 旋喷　　B. 定喷　　C. 摆喷　　D. 雾喷

9. 石灰桩法特别适用于（　　）地基的加固。

A. 黏性土　　B. 杂填土　　C. 新填土　　D. 淤泥

10. 粗集料的毛体积密度是在规定条件下，单位毛体积的质量。其中毛体积包括（　　）。

A. 矿质实体　　B. 闭口孔隙　　C. 开口孔隙　　D. 颗粒间空隙

11. 下述哪几种情况不宜于采用粉体喷搅法（干法）来处理？（　　）

A. 地基土的天然含水量小于 30%

B. 地基土的天然含水量大于 70%

C. 地下水的 pH 值小于 4

D. 地下水的 pH 值大于 12

12. 对河床中陡倾角的断层，不适宜的勘探方法包括（　　）。

A. 在水上打直孔　　B. 在两岸向河床打斜孔

C. 在岸边向河床开挖斜井　　D. 开挖水下过河平洞

13. 采用文克勒地基模型计算地基梁板时，下列（　　）选项正确。

A. 基床系数是地基土引起单位变形时的压力强度

B. 基床系数是从半无限体理论中导出的土性指标

C. 按文克勒地基模型计算,地基变形只发生在基底范围内,基底范围以外没有地基变形

D. 文克勒地基模型忽略了地基中存在的剪应力

14. 在下列(　　)情况下,桩基设计应考虑桩侧负摩阻力。

A. 穿越较厚欠固结土层进入相对较硬土层

B. 桩周存在软弱土层,邻近地面将有大面积长期堆载

C. 基坑施工临时降水,桩周为饱和软黏土

D. 桩穿越自重湿陷性黄土进入较硬土层

15. 当桩周产生负摩阻力时,下述(　　)不正确。

A. 中性点以上桩周土的下沉量大于桩的沉降量,中性点处二者相等,中性点以下桩的沉降量大于桩周土的下沉量

B. 负摩阻力值不应计入桩的荷载中

C. 在地表附近,桩与土的相对位移值最大,因此负摩阻力最大

D. 桩身轴力的最大值不是在桩顶,而是在中性点处

16. 下述计算桩基础沉降的方法中,(　　)不是《建筑桩基技术规范》(JGJ 94—1994)中推荐的方法。

A. 半经验实体深基础法　　　　B. 等效作用分层总和法

C. 明德林—盖得斯法　　　　D. 影响圆法

17. 目前工程中在地基设计计算时,地基中应力的计算与分布采用的基本假设条件是(　　)。

A. 地基土是均匀连续的

B. 基础底面的压力看做是刚性荷载

C. 地基土是各向同性的

D. 地基在深度和水平方向是无限延伸的

18. 基础宽度为 3 m,由上部结构传至基础底面压力分布为三角形,最大边缘压力为 80 kPa,最小边缘压力为零,基础埋置深度为 2 m,基础自重和基础上的土重的平均重度为 20.0 kN/m^3,下列论述中(　　)观点是正确的。

A. 计算基础结构内力时,基础底面压力的分布符合小偏心的规定

B. 按地基承载力验算基础底面尺寸时,基础底面压力分布的偏心已经超过了现行《建筑地基基础设计规范》的规定

C. 作用于基础底面上的合力总和为 240 kN

D. 作用于基础中轴线的力矩为 60 kN · m

E. 按地基承载力验算基础底面尺寸，考虑偏心荷载时，地基承载力特征值应大于 120 kPa 才能满足设计要求

19. 黄土的湿陷起始压力 P_{sh} 在地基评价中起的作用有(　　)。

A. 计算湿陷量　　B. 计算自重湿陷量

C. 根据基底压力及埋深评价是否进行地基处理

D. 根据土层埋藏深度评价是否为自重湿陷性黄土

20. 地面沉降的公害特点表现在以下(　　)方面。

A. 一般在地表以下发生且发展速度较快

B. 一般发生得较慢而难以明显感觉

C. 一般情况下已发生地面沉降的地面变形不可能完全恢复

D. 一般情况下，治理费用较高

21. 高压喷射法注浆有哪几种喷射移动方式？(　　)

A. 旋喷　　B. 定喷　　C. 摆喷　　D. 雾喷

22. 石灰桩按其加固机理有哪几方面的作用(　　)？

A. 成孔挤密　　B. 膨胀挤密　　C. 吸水作用　　D. 置换作用

23.《建筑桩基技术规范》(JGJ 94—1994)的桩基沉降计算公式中，等效沉降系数取值时，下列(　　)说法是正确的。

A. 与土的种类有关

B. 与沿承台短边(矩形布桩时)布桩多少有关

C. 与桩中心距大小有关

D. 与承台长宽比有关

E. 当承台尺寸、桩径、桩距相同时，桩愈长 ψ_e 值愈大，桩愈短 ψ_e 值愈小

24. 在软土地基中采用密集的钢筋混凝土预制桩，施工中可能产生下列(　　)不利影响。

A. 土体位移和地面隆起　　B. 可能产生负摩阻力

C. 泥浆污染　　D. 对环境影响小　　E. 桩接头被拉断

25. 矿质混合料的最大密度曲线是通过试验提出的一种(　　)。

A. 实际曲线　　B. 理论曲线　　C. 理想曲线　　D. 理论直线

26. (　　)属于水硬性胶凝材料，而(　　)属于气硬性胶凝材料。

A. 石灰 石膏　　B. 水泥 石灰　　C. 水泥 石膏　　D. 石膏 石灰

27. 水泥细度可用下列(　　)表示。

A. 筛析法　　B. 比表面积法　　C. 试饼法　　D. 雷氏法

28. 水泥石的腐蚀包括(　　)。

A. 溶析性侵蚀　B. 硫酸盐的侵蚀　C. 镁盐的侵蚀　D. 碳酸的侵蚀

29. 五大品种水泥中,抗冻性好的是(　　)。

A. 硅酸盐水泥　　B. 粉煤灰水泥

C. 矿渣水泥　　D. 普通硅酸盐水泥

30. 集料中有害杂质包括(　　)。

A. 含泥量和泥块含量　　B. 硫化物和硫酸盐含量

C. 轻物质含量　　D. 云母含量

31. 混凝土配合比设计时必须按耐久性要求校核(　　)。

A. 砂率　B. 单位水泥用量　C. 浆集比　D. 水灰比

32. 粉煤灰的技术指标包括(　　)。

A. 细度　B. 需水量比　C. 烧失量　D. 三氧化硫含量

33. 对于砖、多孔混凝土或其他多孔材料用砂浆,其强度主要取决于(　　)。

A. 水灰比　B. 单位用水量　C. 水泥强度　D. 水泥用量

34. 可用(　　)指标表征沥青材料的使用安全性。

A. 闪点　B. 软化点　C. 脆点　D. 燃点

35. 煤沥青与石油沥青相比(　　)。

A. 温度稳定性较高　　B. 温度稳定性较低

C. 与矿质集料的黏附性较好　　D. 与矿质集料的黏附性较差

36. 乳化沥青具有许多优越性,其主要优点为(　　)。

A. 冷态施工,节约能源　　B. 利于施工

C. 节约沥青　　D. 保护环境,保障健康

37. 乳化沥青形成的机理是(　　)。

A. 乳化剂提高界面张力的作用　　B. 乳化剂降低界面张力的作用

C. 界面膜的保护作用　　D. 双电层的稳定结构

38. 可以用做沥青微填料的物质是(　　)。

A. 炭黑　B. 高钙粉煤灰　C. 火山灰　D. 页岩粉

39. 我国现行国家标准测定金属硬度的方法有(　　)。

A. 布氏硬度　B. 络氏硬度　C. 维氏硬度　D. 摩氏硬度

40. 用于土木建筑的钢材,根据工程使用条件和特点,应具备下列(　　)技术要求。

A. 良好的综合力学性能　　B. 良好的焊接性

C. 良好的抗蚀性　　D. 越小越好的屈强比

混凝土工程(一)

满分:150 分

一、判断题(每题 1 分,共 30 分;在题后括号内,正确的划"√",错误的划"×")

1. 其他拌和及养护用水配制的水泥砂浆 28 d 抗压强度不得低于用标准饮用水配制的砂浆抗压强度的 90%。 ( )
2. 普通硅酸盐水泥 42.5 及 42.5R 的 3 d 抗压强度分别应大于 17 MPa 及 22 MPa,抗折强度分别大于 3.5 MPa 及 4.0 MPa。 ( )
3. 普通减水剂主要有木质素磺酸钙(木钙)、木质素磺酸钠(木钠)、木质素磺酸镁、三乙醇胺。 ( )
4. 石料软弱颗粒含量试验中对骨料粒径为 10~20 mm 的,其加压荷载为 0.25 kN。 ( )
5. 粗骨料 D80 以上粒径的含泥量应 <0.5%。 ( )
6. 橡塑止水带是利用其材质的不透水性和耐水性阻止水工建筑物上游水经过接缝的渗漏。 ( )
7. 水工建筑物的变形接缝采用硬态(质)的黄铜片作为止水铜片。 ( )
8. 热轧带肋钢筋的拉伸试样和弯曲试样都为 2 根,应由所检批的钢筋中任选 1 根切取。 ( )
9. 常用水泥净浆的初凝时间 ≥45 min,终凝时间 ≤8 h。 ( )
10. 钢筋拉伸试验的两个数据平均后的平均值不小于标准规定的值就可认为其符合标准要求。 ( )
11. 除成型碾压混凝土试件振动密实时必须加压重块(试件表面压强为 4 900 Pa)外,碾压混凝土性能试验方法与常态混凝土试验方法相同。 ( )
12. V 形漏斗试验方法用于测定自密实混凝土拌和物流动性。 ( )
13. 当试件高度/直径大于 2 时,试件中间部分不受端面摩阻力影响而处于单轴压缩状态。 ( )
14. 混凝土热物理性能试验结果用于大体积结构混凝土温度应力计算,决

定是否需要分缝、表面保温或者是对原材料预冷，以防止温度裂缝。（　）

15. 轻烧 MgO 膨胀剂是由菱镁矿石（$MgCO_3$）经过 800 ℃左右温度煅烧、粉磨而成。（　）

16. 骨料的岩石种类对混凝土干缩试验结果的影响表明，砂岩骨料的混凝土干缩最小，石英岩骨料的混凝土干缩最大。（　）

17. 钢纤维混凝土试验方法与普通混凝土基本相同，其特有试验方法有钢纤维混凝土拌和物钢纤维体积率、钢纤维混凝土弯曲韧性和弯曲初裂强度及纤维混凝土收缩开裂等试验方法。（　）

18. 水下不分散混凝土原材料与普通混凝土基本相同，其不同点是必须掺用抗分散剂，以及粗骨料最大粒径不宜超过 40 mm。（　）

19. 混凝土的抗渗等级，以每组六个试件中三个出现渗水时的水压力乘以 10 表示。（　）

20. 混凝土水胶比越大，混凝土越不密实、孔隙率越大，外界 CO_2 易侵入，越容易碳化。（　）

21. 碾压混凝土层面抗剪强度（τ）与法向应力（s）呈非线性关系，直线与纵轴的截距是黏聚力。（　）

22. 采用超声波平测法检测裂缝深度时，当有钢筋穿过裂缝时，发射、接收换能器连线距离钢筋轴线的最短距离不宜小于裂缝深度的 5 倍，任何情况下不得小于 4 倍。（　）

23. 当结构具备一对相互平行的测试面，且测试面间距较小时，应优先采用超声波双面斜测法检测裂缝深度。（　）

24. 当换能器置于裂缝两侧并逐渐增大间距，首波的振幅相位先后发生 90°的转动变化，即存在着一个使首波相位发生转动变化的临界点。（　）

25. 超声波检测裂缝深度是基于混凝土的声阻抗远小于空气的声阻抗。（　）

26. 混凝土抗压强度标准差高（4.5 MPa）表示混凝土生产管理水平高。（　）

27. 混凝土碳化是空气中的二氧化碳与混凝土中的氢氧化钙不断反应，使其碱度不断降低，促使钢筋表面的钝化膜破坏，引起钢筋锈蚀。（　）

28. 现场混凝土质量检验以抗压强度为主，并以边长为 150 mm 立方体试

件的抗压强度为标准。（ ）

29. 超声回弹综合法需要测量的参数包括回弹值、碳化值和声速值。（ ）

30. 半电池电位法用于现场无破损检测海洋环境水工钢筋混凝土构筑物中钢筋腐蚀性状，该方法不适用于混凝土已饱水或接近饱水的构件。（ ）

二、单项选择题（每题只有一个正确答案，将正确答案的序号填在括号内；每题1分，共40分）

1. 水工混凝土常用的减水剂为（ ）。

A. 木质素磺酸钠（木钠） B. 松香热聚物 C. 硫酸钠

2. 硅酸盐水泥凝结时间在施工中有重要意义，其正确的范围是（ ）。

A. 初凝时间≥45 min，终凝时间≤600 min

B. 初凝时间≥45 min，终凝时间≤390 min

C. 初凝时间≤45 min，终凝时间≥150 min

3. 根据《水工混凝土施工规范》（DL/T 5144—2001），混凝土拌和生产过程中，砂子、小石的含水量每（ ）检测1次。

A. 4 h B. 8 h C. 台班 D. 天

4. 拌和水和养护水采用符合国家标准的饮用水。采用其他水质时pH值（ ）。

A. >4 B. >5 C. >6

5. 水泥胶砂强度检测，单个试件强度值超出平均值（ ），剔除。

A. ±5% B. ±10% C. ±15%

6. 混凝土粗骨料吸水率限制值为（ ）。

A. ≤2.5% B. ≤3.0% C. ≤3.5% D. ≤4.0%

7. 水泥安定性检测，雷氏夹指针尖端间的距离增加值应不大于（ ）。

A. 3 mm B. 4 mm C. 5 mm D. 6 mm

8. 碾压混凝土拌和物工作度测定的指标为（ ）。

A. 坍落度 B. 坍扩度 C. 维勃稠度VB值 D. VC值

9. 掺抗分散剂的水下不分散混凝土的28 d水气强度比应（ ）。

A. >60% B. >70% C. >80% D. >90%

10. 自流平自密实混凝土不宜掺用（ ）。

A. 减水剂 B. 增黏剂 C. 纤维 D. 速凝剂

11. 沥青混凝土中，粗骨料最大粒径应不大于表层厚度的（ ）。

A. 1/5　　　　B. 2/5　　　　C. 1/3　　　　D. 1/2

12. 合格铜止水片抗拉强度应不低于(　　)。

A. 200 MPa　　　　B. 220 MPa　　　　C. 240 MPa　　　　D. 260 MPa

13. PVC 止水带成品的扯断伸长率应(　　)。

A. ≥250%　　　　B. ≥300%　　　　C. ≥350%　　　　D. ≥400%

14. 热轧带肋钢筋拉伸试验试样长度要求为(　　)。

A. $5d$　　　　B. $10d$　　　　C. $0.5\pi(d+a)+140$ mm　　　　D. 100 mm

15. 热轧带肋钢筋弯曲性能检测试样数为(　　)根。

A. 1　　　　B. 2　　　　C. 3　　　　D. 4

16. 海水环境混凝土配合比设计中,混凝土配制强度应满足(　　)。

A. 设计强度

B. 耐久性要求所决定的强度

C. 设计强度或耐久性要求所决定的强度

D. 设计强度和耐久性要求所决定的强度

17. 在设计混凝土配合比时,配制强度要比设计要求的强度等级高,提高幅度的多少,取决于(　　)。

A. 设计要求的强度保证率

B. 对坍落度的要求

C. 施工水平的高低

D. 设计要求的强度保证率和施工水平的高低

18. 机械拌和一次拌和量不宜大于搅拌机容量的(　　)。

A. 70%　　　　B. 75%　　　　C. 80%　　　　D. 90%

19. 碾压混凝土 VC 值测试的计时终点为(　　)。

A. 透明塑料压板的整个底面与混凝土接触的空隙都被水泥浆填满

B. 透明塑料压板的整个底面都与水泥浆接触,允许存在少量闭合气泡

C. 塑料压板的周边侧面全部被泛上来的水泥浆覆盖

D. 塑料压板周边全部出现水泥浆

20. 混凝土大坝结构拉应力和温度应力计算,抗拉强度采用的是(　　)。

A. 劈裂抗拉强度　　　　B. 抗弯强度

C. 轴拉强度　　　　D. 抗剪强度

21. 下列不属于普通混凝土用细骨料的质量要求应控制的指标是(　　)。

A. 颗粒级配　　　　B. 含泥量　　　　C. 强度和坚固性

22. 在预应力混凝土结构中,当采用钢绞线、钢丝、热处理钢筋做预应力钢

筋时,混凝土强度等级可采用(　　)。

A. C30　　B. C40　　C. C50

23. 对混凝土有利的变形为(　　)。

A. 徐变　　B. 干缩　　C. 湿涨

24. 混凝土强度等级是根据(　　)标准值来确定的。

A. 圆柱体抗压强度　　B. 立方体抗压强度　　C. 劈裂抗拉强度

25. 钻芯法检测混凝土强度,对不同长径比的芯样应进行修正,若测得的长径比为 1.2,则修正系数为(　　)。

A. =1　　B. >1　　C. <1

26. 下列哪项指标中有任一项不合格的,即为不合格品水泥?(　　)

A. 细度、终凝时间、强度、氧化镁

B. 强度、安定性、氧化镁、初凝时间、终凝时间

C. 强度、混合物掺加量、初凝时间、三氧化硫

27. 对于建筑物的外部碾压混凝土,相对压实度不得小于(　　)。

A. 96%　　B. 97%　　C. 98%

28. 其他条件一定时混凝土强度随水灰比的增大而(　　)。

A. 增大　　B. 不变　　C. 降低

29. 混凝土抗冻等级 F15 号中的 15 是指(　　)。

A. 承受冻融循环的次数不少于 15 次

C. 最大冻融次数后强度损失率不超过 15%

B. 冻结后在 15 ℃的水中融化

D. 最大冻融次数后质量损失率不超过 15%

30. 回弹法检测混凝土强度时,碳化深度测点数量不少于构件回弹测区数的(　　)。

A. 10%　　B. 20%　　C. 30%

31. 混凝土劈拉强度试验采用断面为 5 mm×5 mm 正方形钢垫条,试件尺寸为(　　)立方体。

A. 15 cm×15 cm×15 cm

B. 20 cm×20 cm×20 cm

C. 45 cm×45 cm×45 cm

32. 收缩开裂试验每个试件各用 1 台电风扇吹试件表面,风向平行试件,风速为(　　),环境温度为 20 ℃±2 ℃,相对湿度不大于 60%。

A. 0.5 m/s　　B. 1 m/s　　C. 2 m/s

33. GB 1499.2—2007 规定，根据需方要求钢筋可进行反向弯曲性能试验，反向弯曲的弯心直径比弯曲试验相应增加 1 个钢筋直径，先(　　)向弯曲(　　)，后(　　)向弯曲(　　)。

A. 正 45°，反 23°　　B. 正 90°，反 45°　　C. 反 45°，正 23°

34. 牌号为 Q235 的低碳钢热轧圆盘条的拉伸性能指标为：屈服点≥(　　) MPa，抗拉强度≥(　　) MPa，伸长率≥(　　)%。

A. 235，410，27　　B. 235，410，23　　C. 235，375，23

35. 导热系数是指厚度 1 m、表面积 1 m^2 的材料，当两侧面温差为 1 ℃时，在 1 h 内所传导的热量，其单位为 kJ/(m·h·℃)。导热系数越小，材料的隔热性能愈(　　)。

A. 好　　B. 差　　C. 不变

36. 水泥安定性试验有争议时一般以(　　)为准。

A. 饼法　　B. 雷氏法　　C. 饼法和雷氏法同时

37. 关于水灰比对混凝土拌和物特性的影响，说法不正确的是(　　)。

A. 水灰比越大，黏聚性越差　B. 水灰比越小，保水性越好

C. 水灰比越大，坍落度越小

38. 由于泵送混凝土要求泌水率低，特别是压力泌水率要低，因此泵送混凝土用水泥不宜选用(　　)。

A. 矿渣水泥　　B. 硅酸盐水泥　　C. 普通硅酸盐水泥

39. 超声波平测法检测裂缝深度时，将发射、接收换能器置于裂缝两侧，两换能器(　　)距离等间隔增大，测量并记录声时，计算得到裂缝深度。

A. 内边缘　　B. 中到中　　C. 外边缘

40. 碾压混凝土的主要特点是(　　)。

A. 水泥用量小　　B. 和易性好　　C. 水化热高

三、多项选择题(每题有两个或两个以上正确答案，将正确答案的序号填在括号内；每题 2 分，共 80 分，错选或多选本题不得分；少选，但选择正确的每个选项得 0.5 分)

1. 水工混凝土工程质量检测的依据是(　　)。

A. 国家标准、水利水电行业标准

B. 工程承包合同认定的其他标准和文件

C. 承包单位自定规程

D. 批准的设计文件、金属结构、机电设备安装等技术说明书

2. 优质粉煤灰对混凝土性能的影响为(　　)。

A. 提高混凝土可泵性

B. 提高混凝土早期强度

C. 降低胶凝材料水化热

D. 抑制混凝土碱骨料反应

3. 水泥胶砂强度检验环境条件为(　　)。

A. 实验室温度:20 ℃ ±2 ℃,湿度≥50%

B. 实验室温度大于 17 ℃且小于 25 ℃

C. 养护室温度:20 ℃ ±3 ℃,湿度≥90%

D. 养护室温度:20 ℃ ±1 ℃,湿度≥90%

4. 碎石或卵石的压碎指标,是指粒径为(　　)的颗粒,在(　　)荷载作用下压碎颗粒含量的百分率。

A. 10 ~20 mm

B. 5 ~20 mm

C. 200 kN

D. 100 kN

5. 提高混凝土强度,细骨料品质改善措施有(　　)。

A. 宜采用在细度模数 2.4 ~2.8 范围的中粗砂

B. 降低砂的含泥量

C. 采用高密度砂

D. 采用高吸水率砂

6. 混凝土碱骨料反应的必要条件为(　　)。

A. 骨料碱活性

B. 混凝土中足够的碱含量

C. 低温环境

D. 潮湿环境

7. 提高水泥强度的措施包括(　　)。

A. 提高 C_3S 含量

B. 提高 C_3A 含量

C. 增加水泥比表面积

D. 增加石膏含量

8. 采用以下措施中的(　　),改善粗骨料品质,可提高混凝土强度。

A. 降低粗骨料针片状颗粒含量

B. 降低粗骨料含泥量

C. 采用高压碎指标值的骨料

D. 优化粗骨料级配

9. 碾压混凝土配合比的特点包括(　　)。

A. 粉煤灰掺量比普通混凝土大

B. 胶凝材料用量比普通混凝土低

C. 砂率比普通混凝土小

D. 引气剂掺量比普通混凝土大

10. 聚合物水泥混凝土(砂浆)的特性包括(　　)。

A. 提高混凝土抗裂性

B. 提高混凝土黏结强度

C. 提高混凝土耐久性

D. 提高混凝土抗渗性

11. 泵送混凝土配合比的特点包括(　　)。

A. 粉煤灰掺量比普通混凝土大　　B. 胶凝材料用量比普通混凝土多

C. 砂率比普通混凝土大　　D. 引气剂掺量比普通混凝土大

12. 钢纤维混凝土配合比的特点包括(　　)。

A. 砂率比普通混凝土大　　B. 胶凝材料用量多

C. 单位用水量比普通混凝土高

D. 骨料粒径不宜大于钢纤维长度的2/3

13. 提高橡胶止水带抗绕渗性能的要点包括(　　)。

A. 材质有一定的拉伸强度和扯断伸长率,有足够的回弹变形

B. 材质有一定的硬度和较小的压缩永久变形

C. 宜采用复合有密封材料的止水带

D. 采用中心非圆孔拱圈变形的止水带安装时要注意拱圈应面向水流方向

14. 止水填料由下列原材料中的(　　)构成,具有耐久性、不透水性和流动变形性能,以及与水泥混凝土面的黏附性。

A. 黏结剂　　B. 增强剂　　C. 活性剂　　D. 活性填料

15. HRB400 钢筋表示(　　)。

A. 热轧带肋钢筋　　B. 冷轧带肋钢筋

C. 钢筋屈服点最小值　　D. 钢筋抗拉强度

16. 碾压混凝土配合比设计龄期宜选用(　　)。

A. 28 d　　B. 90 d　　C. 180 d　　D. 1 y

17. 大坝常态混凝土拌和物检测的内容包括(　　)。

A. 坍落度　　B. 扩散度　　C. VC 值　　D. 含气量

18. 混凝土立方体抗压强度测试时产生偏心受压的原因可能有(　　)。

A. 试模尺寸不标准　　B. 压力机球座不灵活

C. 加载速度大于 0.3 MPa/s ~ 0.5 MPa/s

D. 试件的承压面与成型时的顶面相垂直

19. 混凝土劈裂抗拉强度测试时,以下不符合《水工混凝土试验规程》(SL 352—2006)规定的操作是(　　)。

A. 制作标准试件所用混凝土骨料的最大粒径不应大于 30 mm。

B. 垫条材料宜采用三合板。

C. 承压面应与成型时的顶面垂直,垫条方向应与成型时的顶面平行。

D. 试验加载速度为 0.04 ~ 0.06 MPa/s。

20. 混凝土自生体积变形测试时,试件应处在(　　)条件之下。

A. 恒温　　B. 恒湿　　C. 绝湿　　D. 无外部荷载

21. 以下说法错误的是(　　)。

A. 上屈服强度(R_eH):指试样发生屈服而力首次下降前的最高应力

B. 下屈服强度(R_eL):在屈服期间,初始瞬时效应时的最低应力

C. 抗拉强度(R_m)指相应最小力(F_m)的应力

D. 断后伸长率指原始标距 L_0 与断后标距的残余伸长(L_u-L_0)之比的百分率

22. 以下说法正确的有(　　)。

A. 冷轧带肋钢筋分为 5 个牌号

B. 热轧钢筋分为 5 个牌号

C. 冷拔低碳钢丝分为甲乙两级

D. 预应力混凝土用钢丝分为 5 种

23. 超声波在混凝土中的衰减包括(　　)。

A. 漫射衰减　　B. 散射衰减　　C. 扩散衰减　　D. 吸收衰减

24. 纤维混凝土是以混凝土为基体,外掺(　　)材料而成。

A. 人造丝　　B. 碳纤维　　C. 玻璃纤维　　D. 聚丙乙烯

25. 对碾压混凝土组成材料的要求正确的是(　　)。

A. 骨料最大粒径以 20 mm 为宜

B. 当不用混合材料或用量很少时,宜选用矿渣水泥

C. 当混合材料掺量较高时宜选用普通硅酸盐水泥

D. 不得加入减水剂

26. 近年来提倡用(　　)作为我国预应力混凝土结构的主力钢筋。

A. 预应力钢绞线　　B. 冷拉钢筋

C. 预应力钢绞钢丝　　D. 热处理钢筋

27. 水泥砂浆拌和物性能试验包括(　　)。

A. 稠度　　B. 泌水率　　C. 表观密度　　D. 含气量

28. 以下说法正确的是(　　)。

A. 水下混凝土不分散剂主要有聚丙烯醛胺类、纤维类

B. 粗骨料针片状含量应≤15%

C. 安定性用试饼法检验时,其直径 50 ~ 60 mm。中心厚约 10 mm 边缘渐薄

D. 用于拌合和养护混凝土的用水是饮用水

29. 混凝土常规性能质量检测包括(　　)。

A. 抗压强度　　B. 抗渗等级

C. 抗侵蚀性试验　　D. 抗冻等级

30. 超声波平测法检测裂缝深度分为(　　)。

A. 顺缝测量　　B. 不跨缝测量　　C. 不顺缝测量　　D. 跨缝测量

31. 大中型水利水电工程,混凝土配合比设计多采用绝对体积法,配合比设计时应考虑的设计参数有(　　)。

A. 单位用水量　　B. 水胶比(水灰比)　　C. 水泥用量　　D. 砂率

32. 以下(　　)是目前常采用的橡塑止水带断面型式。

A. 平板型止水带　　B. 中心圆孔型止水带

C. 直线型止水带　　D. Ω 型止水带

33. 沥青混凝土建筑物长期遭受大气、阳光和水的作用,要求沥青混凝土的耐久性包括(　　)。

A. 可塑性　　B. 抗老化性　　C. 水稳定性　　D. 抗疲劳性

34. 以下说法正确的是(　　)。

A. 水泥主要化学成分有 CaO、SiO_2、Al_2O_3 及 Fe_2O_3 等氧化物组成

B. 水泥水化的温度越高,凝结硬化越慢

C. 水泥细度越细,早期水化热越高

D. 试体成型的实验室温度应保持在 20 ℃ ±2 ℃,相对湿度应不低于 50%

35. 混凝土弹性模量试验需要测出应力-应变曲线,曲线上选两点连成直线,直线的斜率即是混凝土弹性模量,抗压弹性模量取曲线上(　　)和(　　)两点直线的斜率。

A. 0 点　　B. 0.5 MPa

C. 40% 极限抗压强度　　D. 60% 极限抗压强度

36. 芯样尺寸偏差及外观质量有以下情况之一者,不能作抗压强度试验(　　)。

A. 沿芯样高度任一直径与平均直径相差达 2 mm 以上

B. 端面的不平整度在 100 mm 长度内超过 0.1 mm

C. 端面与轴线的不垂直度超过 2°

D. 端面补平后的芯样高度 1.0 ~ 2.0D(D 为芯样试件平均直径)

37. 为改善沥青混凝土热稳定性,可掺加下列掺合料(　　)。

A. 石棉　　B. 橡胶　　C. 树脂　　D. 石蜡

38. 回弹法现场检测的要求(包括对回弹测区所在混凝土表面的要求、测

区数量、面积、测区内测点数的规定)，以下说法正确的是(　　)。

A. 测区表面应清洁、平整、干燥，弹击时避开气孔及外露石子

B. 被测结构及构件上均匀布置测区，测区数不少于 10 个，相邻测区间距小于 3 m

C. 测区面积 25 cm×25 cm

D. 每一测区弹击 16 点，有两个测面时，每面弹击 8 点。测区内相邻测点间距大于 2 cm

39. 下列说法正确的有(　　)。

A. 混凝土拌和物的性能主要有工作性、含气量与凝结时间三项

B. 混凝土拌和物工作性包括流动性、可塑性、稳定性、易密性四种特性

C. 骨料最大粒径越大，在相同用水量情况下混凝土拌和物的流动性就越小

D. 砂率过大或过小均会使混凝土拌和物工作性降低

40.《水工混凝土施工规范》(DL/T 5144—2001)中的紫铜片品质指标包含(　　)。

A. 抗拉强度　　B. 延伸率　　C. 冷弯　　D. 弹性模量

混凝土工程(二)

满分:150 分

一、判断题(每题 1 分,共 30 分;在题后括号内,正确的划"√",错误的划"×")

1. 水泥安定性检验有试饼法和雷氏夹法。 (　　)
2. 水泥四种矿物成分中,C_2S 发热量最大,生产中热硅酸盐水泥时,要加以限量。 (　　)
3. 人工砂中的石粉是有害物质。 (　　)
4. 水泥混凝土粗、细骨料试验筛均采用方孔筛。 (　　)
5. 混凝土抗压强度试验,加荷速率愈快,混凝土抗压强度愈大。 (　　)
6. 水泥品种相同情况下,水灰比越大,混凝土凝结时间越短。 (　　)
7. 混凝土拌和物的坍落度随含气量的增加而降低。 (　　)
8. 钢筋混凝土结构钢筋锈蚀的主要原因是碳化和氯离子含量超标。 (　　)
9. 混凝土徐变试验保持加到试件上的应力不变。 (　　)
10. 长径比不同的芯样抗压强度试验,测值大小只与芯样截面面积有关。 (　　)
11. 常态混凝土和碾压混凝土初凝时间测定所用贯入阻力仪所采用测针直径一样。 (　　)
12. 沥青混凝土拌和物温度对沥青混凝土施工质量影响不大。 (　　)
13. 碾压混凝土拌和必须采用机械拌和。 (　　)
14. 同一种混凝土用标准立方体试件测定的抗压强度比标准圆柱体测定的抗压强度低。 (　　)
15. 同一种混凝土劈裂抗拉强度比轴心抗拉强度低。 (　　)
16. 劈拉试验时,需在试件与压板之间垫上垫条,垫条尺寸和形状对劈拉强度测值无影响。 (　　)
17. 混凝土碳化消耗混凝土中部分 $Ca(OH)_2$,使混凝土碱度降低。 (　　)
18. 混凝土抗剪强度随法向应力增加而增大。 (　　)

19. 混凝土线胀系数主要由骨料的线胀系数决定。 ( )

20. 混凝土自生体积变形包括胶凝材料水化反应的变形和干缩变形。 ( )

21. 未凝固碾压混凝土拌和物性能与常态混凝土完全不同。 ( )

22. 混凝土绝热温升随水泥用量增加而减小。 ( )

23. 砂石的坚固性直接影响混凝土的强度。 ( )

24. 钢筋混凝土用水要求氯化物(以 Cl^- 计)含量不大于 1 200 mg/L。 ( )

25. 热轧钢筋检验批重量通常不大于 60 t,超过 60 t 的部分,每增加 40 t(或不足 40 t 的余数),增加一个拉伸试验试样和一个弯曲试验试样。 ( )

26. 钢筋弯曲试验后,如有一个试件不合格,则另取两倍数量的试件,进行第二次弯曲试验,如有一个试件不合格,则该批钢筋即为不合格。 ( )

27. 对钢号不明的钢筋,抽样数量不得少于 3 根。 ( )

28. 铜片止水常用做岩基上水工建筑物温度变形缝和沉降量大的温度 - 沉降变形缝的接缝止水。 ( )

29. 混凝土强度验收的首要标准是必须有 80% 以上的抽样强度超过设计强度标准值。 ( )

30. 搅拌楼(站)及出机口混凝土拌和物稠度和含气量以设计要求的平均值为基准。 ( )

二、单项选择题(每题只有一个答案是正确的,将正确答案的序号填在括号内;每题 1 分,共 40 分)

1. 硅酸盐水泥熟料矿物水化速率排序正确的是( )。

A. $C_3A > C_2S > C_4AF > C_3S$　　B. $C_3S > C_2S > C_4AF > C_3A$

C. $C_3A > C_3S > C_4AF > C_2S$　　D. $C_3S > C_2S > C_4AF > C_3A$

2. 水泥或混凝土中碱含量的含义是( )。

A. $K_2O + Na_2O$　　B. $K_2O + 0.658Na_2O$

C. $K_2O + 0.685Na_2O$　　D. $Na_2O + 0.658K_2O$

3. 雷氏夹法测定水泥的安定性,当两个试件沸煮前后指针距离增量($C - A$)的平均值不大于( )时,则判定该水泥安定性合格。

A. 4.0 mm　　B. 3.5 mm　　C. 6.0 mm　　D. 5.0 mm

4. 水泥胶砂强度检测中,当三个抗折强度中有超出它们平均值( )

时,应剔除后再取平均值作为抗折强度试验结果。

A. ±15%　　B. ±10%　　C. ±20%　　D. ±25%

5. 测定水泥的标准稠度用水量,是为测定其(　　)做准备,使其具有准确的可比性。

A. 胶砂强度和凝结时间　　B. 凝结时间和安定性

C. 胶砂强度和安定性　　D. 比表面积和安定性

6. 水泥的初凝时间是(　　)。

A. 水泥从和水开始到失去流动性所需要的时间。

B. 水泥从和水开始到水泥浆开始失去塑性的时间。

C. 水泥从和水开始到水泥浆完全失去塑性的时间。

D. 以上的说法都可以。

7. 测定水泥净浆凝结时间试验中,试验步骤正确的是(　　)。

①称取水泥试样 500 g,以标准稠度用水量制成标准稠度的水泥净浆一次装满试模,振动数次后刮平,立即放入湿气养护箱中。记录水泥全部加入水中的时间作为凝结时间的起始时间。

②初凝时间的测定。试件在湿气养护箱中养护至加水 30 min 时进行第一次测定。

③首先调整凝结时间测定仪,使试针接触玻璃板时指针对准零点。

④终凝时间的测定。由水泥全部加入水中至终凝状态的时间为水泥的终凝时间。

A. ①②③④　　B. ②①③④

C. ③②①④　　D. ③①②④

8. 沥青针入度试验中,三次测定针入度的平均值为 0 ~ 49 时,则三次测定的针入度值最大差值为(　　)。

A. 2 mm　　B. 4 mm　　C. 6 mm　　D. 8 mm

9. 在测定水泥的安定性试验中,下列试验步骤正确的是(　　)。

①脱去玻璃板,取下试件,先测量雷氏夹指针尖端的距离,精确到 0.5 mm,接着将试件放到沸煮箱内水中试件架上,指针朝上,然后在(30 ± 5) min 内加热至沸并恒沸(180 ± 5) min。

②沸煮结束后,立即放掉沸煮箱里的热水,打开箱盖,待箱体冷却至室温,取出试件进行辨别。

③将预先准备好的雷氏夹放在已稍擦油的玻璃板上,并立即将已制好的标准稠度的水泥净浆一次装满雷氏夹,装浆时一只手轻扶雷氏夹,另一

只手用宽约10 mm的小刀插捣数次，然后抹平，盖上涂油的玻璃板。随即将试件移至湿气养护箱内养护(24 ±2) h。

④每个试样需成型两个试件，每个雷氏夹应配备质量为75 ~85 g的玻璃板两块。一垫一盖，凡与水泥净浆接触的玻璃板和雷氏夹内表面都要稍稍地涂上一层油。

A. ③④①②　　B. ④③①②　　C. ②④③①　　D. ①④③②

10. 水泥胶砂流动度试验中，下列试验步骤正确的是(　　)。

①在拌和胶砂的同时，用湿布抹擦跳桌台、捣棒、带锥圆模和模套内壁，并把它们置于玻璃板中心，盖上湿布。

②制备胶砂。

③将拌好的水泥胶砂迅速地分两层装入模内，按照规定的次数振捣胶砂试样。

④跳动完毕，用卡尺测量水泥胶砂底面最大扩散直径与其垂直的直径，计算平均值，取整数，以mm为单位表示，即为该用水量的水泥胶砂流动度。

⑤振压完毕，取下模套，用小刀由中间边缘分两次将高出带锥圆模的胶砂刮去。

A. ①②③④⑤　　B. ②①③⑤④

C. ①③②④⑤　　D. ①③②⑤④

11. 在做水泥胶砂试件的抗折强度试验时，试件放入抗折夹具内，应该使试件的(　　)与圆柱接触。

A. 底面　　B. 侧面　　C. 正面　　D. 任何一面

12. 工程中需要使用海砂配置混凝土时，必须对海砂检验的项目是(　　)。

A. 颗粒级配　　B. 含泥量

C. 泥块含量　　D. 氯离子含量

13. 下列关于砂的表观密度简易法试验操作步骤正确的顺序是(　　)。

①将样品在潮湿状态下用四分法缩分至120 g左右，在(105 ±5) ℃的烘箱中烘干至恒重，并在干燥器中冷却至室温，分成大致相等的两份备用。

②试样全部入瓶中后，用瓶内的水将粘附在瓶颈和瓶壁的试样洗入水中，摇转李氏瓶以排除气泡，静置约24 h后，记录瓶中水面升高后的体积(V_2)。

③向李氏瓶中注入冷开水至一定刻度处，擦干瓶颈内部附着水，记录水的体积（V_1）。

④称取烘干试样 50 g（m_0）徐徐装入盛水的李氏瓶中。

A. ①③④②　　B. ①②③④　　C. ②④①③　　D. ①④②③

14. 用虹吸管法检测含泥量的试验步骤正确的是（　　）。

①用搅拌棒搅拌约 1 min（单向旋转），以适当宽度和高度的闸板闸水，使水停止旋转。经 20 ~ 25 s 后取出闸板，然后从上到下用虹吸管小心地将浑浊液吸出，虹吸管最低位置应距离砂面不少于 30 mm。

②最后将容器中的清水吸出，把洗净的试样倒入浅盘并在（105 ± 5）℃的烘箱中烘干至恒重，取出，冷却至室温后称砂重（m_1）。

③称取烘干的试样约 500 g（m_0），置于容器中，并注入饮用水，使水面高出砂面约 150 mm，浸泡 2 h，浸泡的过程中每隔一段时间搅拌一次，使尘屑、淤泥和黏土与砂分离。

④再倒入清水，重复上述过程，直到吸出的水与清水的颜色基本一致为止。

A. ①③②④　　B. ③①④②　　C. ③②④①　　D. ①③④②

15. 用硫酸钡比浊法测定水中的硫酸盐，下列试验顺序正确的是（　　）。

①调节电磁搅拌器转速，使溶液在搅拌时不外溅，并能使 0.2 g 氯化钡在 10 ~ 30 s 间溶解。转速确定后，在整批测定中不能改变。

②搅拌稳定后加入 1 小勺（约 0.2 g）氯化钡晶体，并立即计时，搅拌 1 min ± 5 s（由加入氯化钡时开始计算），放置 10 min，立即用分光度计（波长 420 nm，采用 3 cm 比色皿），以加有稳定溶液的过滤水样作参比，测定吸光度。

③将水样过滤，吸取 50 mL 过滤水样置于 100 mL 烧杯中。若水样中硫酸盐含量超过 40 mL/L，可少取水样（SO_4^{2-} 不大于 2 mg）并用纯水稀释至 50 mL。

④加入 2.5 mL 稳定溶液，并将烧杯置于电磁搅拌器上。

⑤由标准曲线查出测定水样中的硫酸盐的含量。

⑥绘制标准曲线。

A. ①②③④⑤⑥　　B. ①③④②⑥⑤

C. ③①②④⑤⑥　　D. ①④③⑥⑤②

16. 有活性骨料的混凝土，混凝土的总碱量不超过（　　）。

A. 3.0 kg/m^3　　B. 3.0%　　C. 6.0 kg/m^3　　D. 6.0%

17. 砂石中含泥量的定义是:粒径小于(   )的颗粒的含量。

A. 1.25 mm　　B. 0.16 mm　　C. 0.08 mm　　D. 0.63 mm

18. 骨料碱活性砂浆棒快速法适用于测定骨料在砂浆中的潜在有害的(   )反应。

A. 碱 - 硅酸盐　　B. 碱 - 碳酸盐

C. 碱 - 磷酸盐　　D. 碱 - 铝酸盐

19. 掺引气剂混凝土的含气量为(   )。

A. 3.5% ~4.5%　　B. 4.5% ~5.5%

C. 5.5% ~6.5%　　D. 6.5% ~7.5%

20. HRBF500 表示屈服强度最小值为 500 MPa 的(   )。

A. 热轧带肋钢筋　　B. 细晶粒热轧光圆钢筋

C. 细晶粒热轧带肋钢筋　　D. 细晶粒冷轧光圆钢筋

21. 热轧光圆钢筋要求最大伸长率不小于(   )。

A. 5%　　B. 7.5%　　C. 12%　　D. 10%

22. *R*p0.2 表示(   )。

A. 规定非比例延伸率为 20% 时的应力

B. 规定比例延伸率为 20% 时的应力

C. 规定非比例延伸率为 0.2% 时的应力

D. 规定比例延伸率为 0.2% 时的应力

23. 冷轧带肋钢筋 CRB550 拉伸试验试样的原始标距和试样总长度为(   )。

A. $L_0(10d)$、$L_t \geqslant 17d$　　B. $L_0(17d)$、$L_t \geqslant 10d$

C. $L_0(5d)$、$L_t \geqslant 12d$　　D. $L_0(12d)$、$L_t \geqslant 5d$

24. 钢筋拉伸试验时,若仅测定下屈服强度 ReL 时,在试样屈服期间,应变速率应在(   )之间,应变速率应尽可能保持恒定。

A. 0.002 5 ~0.025/s　　B. 0.000 25 ~0.002 5/s

C. 0.000 25 ~0.025/s　　D. 0.000 025 ~0.002 5/s

25. 测定钢筋抗拉强度时,塑性范围的应变速率不应超过(   )。

A. 0.8/s　　B. 0.000 8/s　　C. 8/s　　D. 0.008/s

26. 混凝土强度回弹检测中,碳化深度的测量值(   )时,按无碳化处理。

A. 大于 4.0 mm　　B. 小于 4.0 mm

C. 大于 0.4 mm　　D. 小于 0.4 mm

27. 水泥取样应有代表性，可以连续取，也可以从 20 个以上不同部位取等量样品，总量不少于(　　)。

A. 12 kg　　B. 20 kg　　C. 10 kg　　D. 25 kg

28. 砂的筛分析试验，是评价其(　　)的方法。

A. 最大粒径　　B. 粗细程度和颗粒级配

C. 含泥量　　D. 松散堆积密度

29. 碎石的超径、逊径含量检测频次为(　　)。

A. 1 ~2 次/天　　B. 1 次/2 天

C. 1 次/小时　　D. 2 次/小时

30. 钢筋拉伸试验中，在屈服期间不计初始瞬时应力的最低应力，称为(　　)。

A. 上屈服点　　B. 下屈服点

C. 抗拉强度　　D. 比例极限

31. 选用下列哪种外加剂可提高混凝土的抗冻性？(　　)

A. 防冻剂　　B. 引气剂　　C. 缓凝剂　　D. 减水剂

32. 骨料检验已判为有潜在危害性反应的活性骨科，宜选用下列哪种碱含量的水泥？(　　)

A. 检验结果碱含量为 0.58%　　B. 检验结果碱含量为 1.08%

C. 检验结果碱含量为 1.58%　　D. 检验结果碱含量为 2.08%

33. Ⅱ级粉煤灰的需水量比不大于(　　)。

A. 110%　　B. 105%　　C. 100%　　D. 95%

34. 混凝土拌和生产中，应定期检验拌和物的均匀性，决定混凝土的(　　)。

A. 用水量　　B. 配合比　　C. 最佳拌和时间　　D. 含气量

35. 混凝土搅拌楼(站)应定期校正(　　)。

A. 水压　　B. 电压　　C. 风压　　D. 称量设备

36. 对有抗冻性要求的混凝土，现场抽样测定混凝土的(　　)。

A. 表观密度　　B. 含气量　　C. 含水率　　D. 压力泌水率

37. 混凝土劈裂抗拉强度试验，标准试件所用混凝土最大骨料粒径不应大于(　　)。

A. 20 mm　　B. 40 mm　　C. 60 mm　　D. 80 mm

38. 现场抽样测定标准立方体抗压强度的试件尺寸是(　　)立方体。

A. 10 cm ×10 cm ×10 cm　　B. 15 cm ×15 cm ×15 cm

C. 20 cm × 20 cm × 20 cm　　D. 30 cm × 30 cm × 30 cm

39. 采用超声回弹综合法检测混凝土抗压强度，超声测点应布置在回弹测试的同一测区内，在每个测区相对应的测面上布置强度测点，每个测区布置(　　)个测点。

A. 1　　B. 2　　C. 3　　D. 8

40. 回弹法推定混凝土抗压强度时，宜优先采用(　　)。

A. 统一测强曲线　　B. 地区测强曲线

C. 专用测强曲线　　D. 经验公式

三、多项选择题(每题有两个或两个以上正确答案，将正确答案的序号填在括号内；每题 2 分，共 80 分，错选或多选本题不得分；少选，但选择正确的每个选项得 0.5 分)

1. 水工混凝土工程质量检测的依据有(　　)。

A. 法律、法规、规章的规定

B. 国家标准、水利水电行业标准

C. 工程承包合同认定的其他标准和文件

D. 批准的设计文件、金属结构、机电设备安装等技术说明书

2. 复合硅酸盐水泥的细度要求为(　　)。

A. 80 μm 标准筛筛余百分数不大于 10%

B. 45 μm 标准筛筛余百分数不大于 10%

C. 80 μm 标准筛筛余百分数不大于 30%

D. 45 μm 标准筛筛余百分数不大于 30%

3. 水泥的标准稠度状态为(　　)。

A. 标准法中试杆沉入净浆并距离底板 28 mm ± 2 mm

B. 代用法中试锥沉入净浆的下沉深度为 28 mm ± 2 mm

C. 标准法中试杆沉入净浆并距离底板 6 mm ± 1 mm

D. 代用法中试锥沉入净浆的下沉深度为 6 mm ± 1 mm

4. 水泥颗粒越细，则(　　)。

A. 水化速度越快且越充分　　B. 水泥的需水量越大

C. 早期强度也越高　　D. 水泥石体积收缩率越大

5. 砂的含泥量超过标准要求时，对混凝土的(　　)等性能均会产生不利的影响。

A. 强度　　B. 干缩　　C. 抗冲磨　　D. 抗冻

6. 大体积混凝土应尽量采用较大粒径的石子，这样可以(　　)。

A. 降低砂率　　B. 减少混凝土用水量和水泥用量

C. 减少混凝土温升及干缩裂缝　　D. 提高混凝土强度

7. 原则上，凡是(　　)的水，不得用于拌制混凝土。

A. 影响混凝土的和易性及凝结

B. 有损混凝土强度增长

C. 降低混凝土耐久性，加快钢筋腐蚀及导致预应力钢筋脆断

D. 污染混凝土表面

8. 水工建筑物中，变形缝的止水结构包括(　　)。

A. 铜片止水　　B. 橡胶材料止水

C. 塑料材料止水　　D. 填料止水

9. 水工混凝土建筑物的温度－沉降变形缝对止水填料的性能要求包括(　　)。

A. 具有一定的密度　　B. 具有低温流变性能

C. 具有高温黏性

D. 填料的拉伸强度小于填料与混凝土黏结强度

10. 影响硅酸盐水泥安定性的不良原因有(　　)。

A. f－CaO 的量过多　　B. f－MgO 的量过多

C. 过量的石膏　　D. $Ca(OH)_2$ 的量过多

11. 水泥胶砂强度检验环境条件是(　　)。

A. 实验室温度 20 ℃ ±2 ℃，相对湿度≥50%

B. 实验室温度大于 17 ℃且小于 25 ℃

C. 养护环境温度 20 ℃ ±3 ℃，相对湿度≥90%

D. 养护环境温度 20 ℃ ±1 ℃，相对湿度≥90%

12. 碾压混凝土配合比设计龄期宜选择(　　)。

A. 28 d　　B. 90 d　　C. 180 d　　D. 1y

13. 聚合物水泥混凝土(砂浆)的特性(　　)。

A. 提高混凝土抗裂性　　B. 提高混凝土黏结强度

C. 提高混凝土耐久性　　D. 提高混凝土抗渗性

14. 优质粉煤灰掺入混凝土中的效果是(　　)

A. 改善和易性　　B. 降低绝热温升

C. 抑制碱－骨料反应　　D. 后期徐变增大

15. 下列 4 个粉煤灰样品的需水量比检验结果，哪几个达到 I 级粉煤灰质量标准？(　　)

A. 需水量比为90%　　B. 需水量比为94%
C. 需水量比为98%　　D. 需水量比为102%

16. 通过砂料颗粒级配筛分试验，可以取得砂的下列参数和类别。(　　)

A. 砂的细度模数　　B. 砂料的粗、中、细分类
C. 砂料的平均粒径　　D. 砂料的表观密度

17. 抑制混凝土碱－骨料反应的掺合料有哪些？(　　)

A. 石粉　　B. 粉煤灰　　C. 磨细矿渣粉　　D. 粉土

18. 大坝外部碾压混凝土现场抽样检测相对压实度不得小于(　　)；内部碾压混凝土相对压实度不得小于(　　)。

A. 95%　　B. 96%　　C. 97%　　D. 98%

19. 根据使用性质的不同，石灰可以分为(　　)。

A. 气硬性石灰　　B. 水硬性石灰
C. 消石灰　　D. 镁质石灰

20. 通过对石灰消化时体积变化机理的研究，可以通过(　　)方法来确定控制体积变化。

A. 改变石灰石的细度　　B. 改变水灰比
C. 改变消化温度　　D. 掺加外加剂

21. 下列牌号中，属于热轧带肋钢筋的是(　　)。

A. HRB335　　B. HRB400　　C. HRB425　　D. HRB500

22. 在检测焊接钢筋试验中，需要做拉伸试验的焊接方式有(　　)。

A. 点焊　　B. 闪光对焊　　C. 电弧焊接头
D. 电渣压力焊　　E. 气压焊

23. 钢材常常用(　　)指标来表示钢材的塑性。

A. 冲击韧性　　B. 伸长率　　C. 冷脆性　　D. 断面收缩率

24. 目前，测定钢材硬度的方法很多，常用的有(　　)。

A. 布氏硬度　　B. 里氏硬度　　C. 洛氏硬度　　D. 维氏硬度

25. 烧结普通砖的抗风化性能通常是(　　)等指标判别的。

A. 抗冻性　　B. 吸水率　　C. 饱和系数　　D. 孔洞率

26. 缓凝剂进入工地(或混凝土搅拌站)的检验项目应包括(　　)。

A. pH 值　　B. 密度　　C. 混凝土凝结时间
D. 混凝土坍落度　　E. 减水率

27. 混凝土结构裂缝的修补灌浇材料，应具备以下特点(　　)。

A. 黏度低　　　　　　　　　　B. 可灌性好

C. 固化后体积收缩小　　　　　　D. 固化时间可按工艺调节

28. 港口工程修补材料抗折和抗压强度测定试验步骤中正确的是(　　)。

A. 用修补材料成型 3 条 40 mm×40 mm×160 mm 的试件,24 h 后拆模

B. 试件养护条件为:温度(20±2)℃,相对湿度 65%±5%,恒温、恒湿,养护 28 d

C. 采用水泥抗折机先对 3 条试件分别进行抗折试验

D. 用 6 个断块进行抗压试验,受压面积 40 mm×40 mm,加载速度为(5±0.5%)kN/min

29. 淡水环境混凝土,不得不采用碱活性骨料时,宜采用(　　)。

A. 矿渣硅酸盐水泥

B. 低钙(CaO 含量<20%)粉煤灰硅酸盐水泥

C. 火山灰质硅酸盐水泥

D. 含碱量小于 0.60% 的硅酸盐水泥

E. 普通硅酸盐水泥

30. 混凝土拌和物的性能主要表现在哪些方面?(　　)

A. 流动性　　B. 含气量　　C. 凝结时间　　D. 表观密度

31. 混凝土静力弹性模试验测出一条应力-应变曲线,曲线上选两点走或直线走,直线的斜率即是混凝土压缩弹性模量,此两点的应力是(　　)。

A. 0.5 MPa　　　　　　　　B. 5 MPa

C. 40% 极限抗压强度　　　　D. 50% 极限抗压强度

32. 喷射混凝土必须掺用减水剂和(　　),一般不掺用(　　)。

A. 引气剂　　B. 缓凝剂　　C. 速凝剂　　D. 泵送剂

33. 哪些试验条件使混凝土极限拉伸试验测值偏小?(　　)

A. 试件成型装料不均匀,骨料集中,导致测值偏低

B. 试件几何形心与试验机轴有偏心,使测值偏小

C. 加速速率过快,导致拉伸值偏低

D. 养护室相对湿度过大

34. 进行混凝土抗冻试验时,判断试件是否冻坏的依据是(　　)。

A. 相对动弹性模量下降至初始值的 80%

B. 相对动弹性模量下降至初始值的 60%

C. 质量损失率达 5%

D. 强度损失率达5%

35. 水下不分散混凝土可在水深不大于(　　)情况下直接浇筑。

A. 30 cm　　B. 50 cm　　C. 70 cm　　D. 90 cm

36. 提高混凝土抗裂性有哪些措施?(　　)

A. 选择线胀系数低的骨料　　B. 采用活性高的掺合料

C. 选用发热量低的水泥　　D. 夏季高温浇筑混凝土

37. 提高水工建筑物过水面混凝土抗冲磨强度的措施有(　　)。

A. 采用42.5等级中热硅酸盐水泥

B. 混凝土强度等级为C40,不宜过高控制混凝土的脆性

C. 选用硬质耐磨料如花岗岩、铁矿石等

D. 面层铺硬木条保护

38. 影响混凝土徐变的外部因素主要有(　　)。

A. 环境温度与湿度　　B. 加荷应力

C. 持荷时间　　D. 混凝土外加剂掺量过度,不凝固

39. 混凝土轴向拉伸试验,可同时测出以下参数(　　)。

A. 轴向抗拉强度　　B. 拉伸弹模

C. 极限拉伸　　D. 波桑比

40. 超声波检测混凝土内部缺陷,当超声波经过缺陷时,用于评估缺陷的哪些参数将发生变化?(　　)

A. 波速　　B. 阻尼系数　　C. 波幅　　D. 波形

混凝土工程(三)

满分:150 分

一、判断题(每题 1 分,共 30 分;在题后括号内,正确的划“√”,错误的划“×”)

1. 水泥加水拌和后水化反应就开始,可分为四个阶段,即初始反应期、诱导期、凝结期与硬化期。 (   )
2. 水泥水化速率与温度成反比,温度愈高,凝结硬化愈慢。 (   )
3. 在相同用水量条件下,选用需水量比较低的粉煤灰,混凝土有较好的流动性。 (   )
4. 粉煤灰的需水量比硅粉小许多。 (   )
5. 粉煤灰必须在碱性激发剂和硫酸盐激发剂作用下,才能发挥二次水化反应。 (   )
6. 碾压混凝土采用人工砂时,石粉含量不易超过 10%,否则会对和易性不利。 (   )
7. 钢筋混凝土结构钢筋锈蚀的主要原因是碳化和氯离子含量超标。 (   )
8. 未凝固碾压混凝土拌和物性能与常态混凝土完全不同。 (   )
9. 碾压混凝土拌和可以采用人工拌和与机械拌和两种。 (   )
10. 劈裂抗拉强度试验时,需在试件与压板之间垫上垫条,垫条形状和尺寸与试验结果无关。 (   )
11. 常态混凝土和碾压混凝土测定初凝时间都采用贯入阻力仪,所用测针直径一样。 (   )
12. 热轧带肋钢筋的牌号由 HRB 和屈服点的最大值构成。 (   )
13. 热轧带肋钢筋的弯曲试验,按规定的弯心直径弯曲 90°后钢筋不得产生裂纹。 (   )
14. 水工混凝土掺用引气剂以增强其抗冻性,含气量应控制在 3.5% ~ 5.5% 范围内。 (   )
15. 石料的吸水率大,会影响骨料界面和水泥石的黏结强度,同时会降低其抗冻性。 (   )

16. 水泥安定性用试饼法检验时，试饼直径 70～80 mm，中心厚约 10 mm，边缘渐薄。（ ）

17. 为提高大坝混凝土的抗裂性，要求提高水泥质量，水泥颗粒越细越好。（ ）

18. 对钢号不明的钢筋，弯曲试验的抽样数量不得少于6 根。（ ）

19. 用于混凝土内部缺陷和裂缝深度检测的超声波属于纵波。（ ）

20. 对同一种混凝土，换能器的频率越高，超声波衰减越小，穿透的距离就越远。（ ）

21. 混凝土质量检控，混凝土强度验收采用抽样检验法。（ ）

22. 总体混凝土强度呈正态分布。（ ）

23. 为提高止水带的抗绕渗能力，可以加大止水带翼板的厚度。（ ）

24. 铜片止水带常用作水工建筑物沉降量大的温度—沉降变形缝的接缝止水。（ ）

25. 混凝土自生体积变形包括混凝土水化反应的变形和干缩变形。（ ）

26. 混凝土拌和物的坍落度随含气量的增加而降低。（ ）

27. 钢筋弯曲试验后检查试样弯曲表面，无肉眼可见裂纹，应评为合格。（ ）

28. 坍扩度测定适用于坍落度大于 22 cm 的自流平自密实混凝土。（ ）

29. 混凝土抗拉强度有轴拉强度和劈拉强度两种，同一种混凝土，两种抗拉强度测值是相同的。（ ）

30. 直径相同而高度不同的混凝土芯样，抗压强度试验结果表明，测值不相同，高度愈高，抗压强度则愈低。（ ）

二、单项选择题（每题只有一个答案是正确的，将正确答案的序号填在括号内；每题 1 分，共 40 分）

1. 泵送混凝土水泥不宜选用（ ）。

A. 硅酸盐水泥　　B. 普通硅酸盐水泥

C. 中热硅酸盐水泥　　D. 矿渣硅酸盐水泥

2. 提高混凝土抗冻性的措施有：严格限制水灰比、选用优质骨料和掺加（ ）。

A. 引气剂　　B. 早强剂

C. 高性能减水剂　　D. 抗冻剂

3. 人工砂生产细度模数控制较佳范围为(　　)。

A. 2.0 ~ 2.4　　B. 2.4 ~ 2.8　　C. 2.8 ~ 3.2　　D. 大于 3.0

4. 水泥的物理力学性能技术要求包括细度、凝结时间、安定性和(　　)等。

A. 烧失量　　B. 强度　　C. 碱含量　　D. 三氧化硫

5. 水泥熟料中水化速率最快、发热量最高的矿物为(　　)。

A. C_3S　　B. C_2S　　C. C_3A　　D. C_4AF

6. 粉煤灰的细度检验采用方孔筛的尺寸为(　　)。

A. 150 μm　　B. 80 μm　　C. 88 μm　　D. 45 μm

7. 粗骨料的吸水率要求小于(　　)。

A. 1.5%　　B. 2.0%　　C. 2.5%　　D. 3.0%

8. 采用砂浆棒快速法检测骨料碱活性,当为(　　)时判为非活性骨料。

A. 砂浆试件 14 d 的膨胀率小于 0.1%

B. 砂浆试件 28 d 的膨胀率小于 0.1%

C. 砂浆试件 14 d 的膨胀率小于 0.2%

D. 砂浆试件 28 d 的膨胀率小于 0.2%

9. 下列热物理参数中,(　　)的含义是单位质量的混凝土温度升高 1 ℃或降低 1 ℃所吸收或放出的热量。

A. 导热系数　　B. 导温系数　　C. 比热　　D. 线膨胀系数

10. 碾压混凝土拌和物工作度测定的指标为(　　)。

A. 坍落度　　B. 坍扩度

C. 维勃稠度 VB 值　　D. VC 值

11. 下列措施中,不利于提高混凝土抗裂性的技术措施是(　　)。

A. 采用高 MgO 含量(3.5% ~5.0%)的水泥

B. 适当引气

C. 采用线膨胀系数低的骨料

D. 采用矿渣粉等量替代粉煤灰

12. 自流平自密实混凝土不宜掺用(　　)。

A. 减水剂　　B. 缓凝剂　　C. 引气剂　　D. 速凝剂

13. 沥青混凝土中,粗骨料最大粒径应不大于表层厚度的(　　)。

A. 1/5　　B. 2/5　　C. 1/3　　D. 1/2

14. 掺合料等量取代水泥,不能降低胶凝材料水化热的掺合料为(　　)。

A. 粉煤灰　　B. 硅粉　　C. 矿渣粉　　D. 石灰岩粉

15. GB 1499—2007 规定,根据需方要求进行反向弯曲试验,先后弯曲方向及弯曲角度为(　　)。

A. 先正向45°再反向23°　　B. 先正向90°再反向20°

C. 先反向45°再正向23°　　D. 先正向45°再反向90°

16. 制造止水铜片用的铜材是(　　)。

A. 黄铜　　B. 软态紫铜　　C. 硬态紫铜　　D. 软态黄铜

17. F型断面的止水铜片其直翼板的长度决定于(　　)。

A. 铜片的拉伸强度　　B. 铜片的拉伸变形率

C. 铜片与水泥砂浆的黏附强度　　D. 混凝土的拉伸变形

18. 止水铜片连接应采用(　　)。

A. 搭接熔焊　　B. 黄铜斜焊一遍

C. 黄铜钎焊两遍　　D. 银焊

19. 变形缝相对静止状态时止水带的抗绕渗能力决定于(　　)。

A. 材质的不透水性　　B. 材质的回弹力

C. 材质的永久压缩变形　　D. 材质的耐水性

20. 橡胶止水带的连接应采用(　　)。

A. 止水带搭接硫化　　B. 止水带的生胶头搭接硫化

C. 止水带搭接黏结　　D. 止水带搭接用螺栓拧紧

21. 热轧带肋钢筋力学性能检测的试样数为(　　)根。

A. 1　　B. 2　　C. 3　　D. 4

22. 热轧带肋钢筋HRB335的牌号中335表示(　　)。

A. 钢筋屈服点最小值　　B. 钢筋抗拉强度

C. 钢筋伸长率　　D. 钢筋公称直径

23. 钢筋拉伸时由受力到拉断的全过程呈现的机械性能可分为4个阶段,即(　　)。

A. 弹性、塑性、强化、缩颈　　B. 弹性、屈服、强化、缩颈

C. 弹性、屈服、强化、断开　　D. 弹性、塑性、强化、断开

24. 采用超声回弹综合法检测混凝土强度,超声测点应布置在回弹测试的同一测区内,在每个测区内的相对测试面上,应各布置(　　)个测点。

A. 1　　B. 2　　C. 3　　D. 8

25. 大坝结构设计和温度应力计算中,抗拉强度宜用哪种抗拉强度作为标准值(　　)。

A. 轴向抗拉强度　　B. 劈裂抗拉强度

C. 弯曲抗拉强度　　D. 断裂强度

26. 根据《水工混凝土施工规范》(DL/T 5144—2001),混凝土拌和生产过程中,砂子、小石子的含水率每(　　)检测1次。

A. 4 h　　B. 8 h　　C. 台班　　D. 天

27. 现场抽样测定标准立方体抗压强度的试件尺寸是(　　)立方体。

A. $100\times100\times100(mm^3)$　　B. $150\times150\times150(mm^3)$

C. $200\times200\times200(mm^3)$　　D. $300\times300\times300(mm^3)$

28. 根据《水工混凝土施工规范》(DL/T 5144—2001),混凝土拌和生产过程中,坍落度每(　　)应检测1~2次。

A. 2 h　　B. 4 h　　C. 8 h　　D. 台班

29. 现场抽样测定混凝土的坍落度是为了控制混凝土的(　　)。

A. 用水量　　B. 超逊径　　C. 砂率　　D. 泌水率

30. 混凝土搅拌楼(站)应定期校正(　　)。

A. 称量设备　　B. 电压　　C. 水压　　D. 风压

31. 对有抗冻性要求的混凝土,现场抽样测定混凝土的(　　)。

A. 表观密度　　B. 含气量　　C. 含水率　　D. 压力泌水率

32. 混凝土绝热温升测试中,应采用下列(　　)龄期温升值作为最终温升值。

A. 7 d　　B. 28 d

C. 56 d　　D. 根据28 d试验结果,用经验公式拟合得出

33. 常态混凝土含气量测试中,用振动台振实时,振动时间符合SL352—2006水工混凝土试验规程规定的是(　　)。

A. 振动时间宜为15 s~30 s

B. 宜振动至表面泛浆为至

C. 振动时间宜至表面开始冒出气泡为止

D. 振动时间宜按坍落度大小确定

34. 混凝土坍落度为坍落后的试样顶部(　　)与坍落筒高度之差。

A. 最高点　　B. 中心点　　C. 最低点　　D. 平均高度

35. 采用标准立方体试件,测定强度等级为C20的普通混凝土抗压强度,应选用量程为(　　)的压力机。

A. 100 kN　　B. 300 kN　　C. 500 kN　　D. 1 000 kN

36. 测定混凝土的静力弹性模量时,至少应成型(　　)个ϕ150 mm×300 mm试件。

A. 2　　B. 3　　C. 4　　D. 6

37. 大坝碾压混凝土设计抗压强度保证率为(　　)。

A. 75%　　B. 80%　　C. 90%　　D. 95%

38. 碾压混凝土 VC 值测试时计时终点为(　　)。

A. 透明塑料压板整个底面与碾压混凝土接触面的空隙都被水泥浆填满

B. 透明塑料压板的整个底面都与水泥浆接触,允许存在少量闭合气泡

C. 塑料压板的周边侧面全部被泛上来的水泥浆覆盖

D. 塑料压板周边全部出现水泥浆

39. 海水环境混凝土配合比设计中,混凝土配制强度应满足(　　)。

A. 设计强度

B. 耐久性要求所决定的强度

C. 设计强度或耐久性要求所决定的强度

D. 设计强度和耐久性要求所决定的强度

40. 测定混凝土中砂浆水溶性氯离子含量时,试样应(　　)。

A. 用小锤敲碎,剔除砂粒

B. 敲碎试样,取 0.63 mm 筛以下的

C. 研磨砂浆至全部通过 0.63 mm 筛

D. 用水浸泡溶出

三、多项选择题(每题有两个或两个以上正确答案,将正确答案的序号填在括号内;每题 2 分,共 80 分,错选或多选本题不得分;少选,但选择正确的每个选项得 0.5 分)

1. 水工混凝土工程质量检测的依据是(　　)。

A. 国家标准、水利水电行业标准

B. 工程承包合同认定的其他标准和文件

C. 承包单位自定规程

D. 批准的设计文件、金属结构、机电设备安装等技术说明书

2. 提高水泥强度的技术措施包括(　　)。

A. 提高 C_3S 矿物成分含量　　B. 提高 C_3A 矿物成分含量

C. 增加水泥比表面积　　D. 增加石膏掺量

3. 优质粉煤灰对混凝土性能的影响包括(　　)。

A. 改善混凝土的和易性　　B. 提高混凝土早期强度

C. 降低胶凝材料水化热温升　　D. 抑制混凝土碱骨料反应

4. 影响外加剂与水泥适应性的主要因素包括(　　)。

A. C_3A 含量　　B. C_2S 含量

C. 石膏形态和掺量　　D. 水泥碱含量

5. 大坝混凝土选用水泥时，从控制温控裂缝角度考虑，下列7 d水化热试验（直接法）指标（　　）水泥能达到42.5中热硅酸盐水泥标准。

A. 7 d水化热为273 kJ/kg　　B. 7 d水化热为283 kJ/kg

C. 7 d水化热为293 kJ/kg　　D. 7 d水化热为313 kJ/kg

6. 试验表明，掺加优质粉煤灰是抑制混凝土碱骨料反应的有效方法，粉煤灰掺量宜占胶凝材料的（　　）才有明显效果。

A. 15%　　B. 20%　　C. 25%　　D. 30%

7. 海水环境下用硅酸盐水泥拌制混凝土，为提高其抗氯离子侵蚀能力宜掺加矿渣粉，其掺量不少于胶凝材料用量的（　　）。

A. 30%　　B. 40%　　C. 50%　　D. 60%

8. 下列4个粉煤灰样品的需水量比检验结果，（　　）达到Ⅰ级粉煤灰质量标准。

A. 需水量比为90%　　B. 需水量比为94%

C. 需水量比为98%　　D. 需水量比为105%

9. 下列骨料碱活性检验方法中，试件养护温度符合试验方法规定的有（　　）。

A. 化学法试件养护温度80 ℃ ±1 ℃

B. 砂浆棒快速法试件温度80 ℃ ±2 ℃

C. 砂浆长度法试件温度80 ℃ ±2 ℃

D. 混凝土棱柱体法试件温度38 ℃ ±2 ℃

10. 通过砂料颗粒级配筛分试验，可以取得砂的参数和类别有（　　）。

A. 砂的细度模数　　B. 砂料的粗、中、细分类

C. 砂料的平均粒径　　D. 砂料的表观密度

11. 混凝土自生体积变形测试时，试件应处在（　　）条件下

A. 恒温　　B. 恒湿　　C. 绝湿　　D. 无外部荷载

12. 提高混凝土抗裂性有（　　）等技术措施。

A. 选择线膨胀系数低的骨料　　B. 掺加优质掺合料

C. 选用发热量低的水泥　　D. 夏季高温时浇筑混凝土

13. 碾压混凝土配合比的特点包括（　　）。

A. 粉煤灰掺量比普通混凝土大　　B. 流动性不用坍落度表征

C. 砂率比普通混凝土小　　D. 引气剂掺量比普通混凝土多

14. 喷射混凝土配合比的特点包括（　　）。

A. 需掺加混凝土速凝剂　　　　B. 胶凝材料用量比普通混凝土多

C. 砂率比普通混凝土大　　　　D. 骨料粒径比普通混凝土大

15. 水下不分散混凝土配合比的特点包括(　　)。

A. 需掺加水下不分散剂　　　　B. 胶凝材料用量多

C. 宜采用高性能减水剂　　　　D. 骨料粒径不宜大于 20 mm

16. 为改善沥青混凝土热稳定性,可掺加下列掺合料中的(　　)。

A. 石棉　　B. 橡胶　　C. 树脂　　D. 石蜡

17. 大中型水利水电工程中,混凝土配合比设计多采用绝对体积法,请列出配合比设计应考虑的设计参数(　　)。

A. 设计强度标准值　　　　B. 水灰比

C. 用水量　　　　D. 砂率

18. 混凝土静力弹性模量试验需要测出应力—应变曲线,曲线上选两点连成直线,直线的斜率即是混凝土弹性模量,压缩弹性模量取曲线上(　　)和(　　)两点间直线的斜率。

A. 0.5 MPa　　　　B. 5 MPa

C. 40% 极限抗压强度　　　　D. 50% 极限抗压强度

19. 混凝土抗冻性试验,相对动弹性模量下降至初始值的(　　)或质量损失达(　　)时,即可认为试件已达破坏。

A. 60%　　B. 50%　　C. 5%　　D. 3%

20. 热轧带肋钢筋拉伸试验检测结果包括(　　)。

A. 屈服点　　B. 抗拉强度　　C. 弹性模量　　D. 断后伸长率

21. 在混凝土中传播的超声波穿过缺陷时,其 4 个声学参数将发生变化,以下关于变化的描述,(　　)是正确的。

A. 声速降低　　B. 频率减小　　C. 波幅增大　　D. 波形畸变

22. 大坝外部碾压混凝土相对压实度不得小于(　　),内部碾压混凝土相对压实度不得小于(　　)。

A. 95%　　B. 96%　　C. 97%　　D. 98%

23. 混凝土轴向拉伸试验,可同时测出以下参数(　　)。

A. 轴向抗拉强度　　　　B. 拉伸弹性模量

C. 极限拉伸值　　　　D. 波桑比

24. 水下不分散混凝土可在水深不大于(　　)情况下直接浇筑。

A. 30 cm　　B. 50 cm　　C. 70 cm　　D. 90 cm

25. 提高水工建筑物过水面混凝土抗冲磨强度的措施有(　　)。

A. 采用42.5 中热硅酸盐水泥

B. 混凝土强度等级选用C40,为控制混凝土脆性不宜过高

C. 选用硬质耐磨骨料,如花岗岩、铁矿石等

D. 面层铺木条保护

26. 水泥品质检验,(　　)指标不合格被定为不合格品。

A. MgO　　B. SO_3　　C. 初凝时间　　D. 安定性

27. 根据《水工碾压混凝土施工规范》(SL53—94),碾压混凝土现场仓面质量检测项目中包括(　　)。

A. 仓面VC值　　B. 含气量　　C. 压实度　　D. 抗压强度

28. 碾压混凝土配合比设计龄期选用(　　)。

A. 28 d　　B. 90 d　　C. 180 d　　D. 360 d

29. 为保证结构的耐久性,在设计混凝土配合比时应考虑允许的(　　)。

A. 最大水灰比　　B. 最小水泥用量

C. 最大水泥用量　　D. 最小水灰比

30. 对于水工混凝土自生体积变形测试,下列热学性能参数中(　　)是不需要的。

A. 导热系数　　B. 导温系数　　C. 比热　　D. 线膨胀系数

31. 影响混凝土徐变的外部因素主要有(　　)。

A. 环境温度与湿度　　B. 加荷应力

C. 持荷时间　　D. 混凝土外加剂掺量过度,不凝固

32. 钢筋保护层厚度检测方法主要有(　　)。

A. 钻孔或剔凿等局部破损法　　B. 超声波法

C. 电磁感应法　　D. 雷达法

33. 水工混凝土建筑物的温度－沉降变形缝对止水填料的性能要求包括(　　)。

A. 具有一定的强度

B. 具有低温流变性能

C. 具有高温黏性

D. 填料的拉伸强度小于填料与混凝土黏结强度

34. 钢纤维混凝土配合比的特点包括(　　)。

A. 砂率比普通混凝土大　　B. 胶凝材料用量多

C. 单位用水量比普通混凝土高　　D. 骨料粒径不宜大于40 mm

35. 大坝常态混凝土拌和物检测的内容包括(　　)。

A. 坍落度　　B. 扩散度　　C. VC 值　　D. 含气量

36. 聚合物水泥混凝土(砂浆)的特性包括(　　)。

A. 提高混凝土抗裂性　　B. 提高混凝土黏结强度

C. 提高混凝土耐久性　　D. 提高混凝土抗渗性

37. 影响混凝土绝热温升值大小的因素有(　　)。

A. 水泥水化热　　B. 掺合料品种与掺量

C. 浇筑温度　　D. 骨料含水率

38.《水工混凝土施工规范》(DL/T 5144—2001)中的紫铜片品质指标包括(　　)。

A. 抗拉强度　　B. 延伸率　　C. 冷弯　　D. 弹性模量

39. 混凝土膨胀剂的类型包括(　　)。

A. 硫铝酸钙类　　B. 松香热聚物类

C. 氧化钙类　　D. 轻烧氧化镁类

40. 混凝土掺合料分活性掺合料和非活性掺合料两种,请指出下列掺合料中的活性掺合料(　　)。

A. 矿渣粉　　B. 石灰岩粉　　C. 磷渣粉　　D. 钢渣粉

金属结构

满分:150 分

一、判断题(每题 1 分,共 30 分;在题后括号内,正确的划“√”,错误的划“×”)

1. 超声波检测焊缝时,如发现波形不能准确判断,则判为不合格。（　　）
2. 对一、二类焊缝进行无损检测后,发现存在裂纹和未熔合,将该部位返工处理即可。（　　）
3. 返工后的焊缝,应按原焊缝的质量要求和无损检测方法,对返工处及其附近进行 100% 检查。（　　）
4. 组成闸门主梁、边梁、臂柱的腹板及翼缘板的对接焊缝为一类焊缝。（　　）
5. 闸门主梁、边梁与门叶面板的组合焊缝或角焊缝为一类焊缝。（　　）
6. 焊缝发现有不允许的缺陷时,不需分析找原因,直接返工。（　　）
7. 焊缝同一部位的返修次数不宜超过 4 次。（　　）
8. 人字闸门止水橡皮安装顶面平度检测系通过止水顶面拉线测量,每0.5 米测 1 点。（　　）
9. 拦污栅栅体吊入栅槽后,应作升降试验,检查栅槽有无卡滞情况,检查栅体动作和各节的连接是否可靠。（　　）
10. 压力钢管水压试验过程中,钢管应无渗水,混凝土应无裂缝。镇墩应无异常变位和其他异常情况。（　　）
11. 压力钢管进行了无损探伤工作,可以不作水压试验。（　　）
12. 焊缝进行无损检测时,必须同时进行超声波检测和射线检测。（　　）
13. 对焊接缺欠的返工处理可采用碳弧气刨、砂轮或其他机械方法清除,还可以采用电弧或气割火焰熔除。（　　）
14. X 射线探伤检测时,可以不采取任何防护措施。（　　）
15. 表面清洁度等级越高,说明涂层保护效果越差。（　　）
16. 平面闸门埋件的安装质量要求主要有埋件产品质量、安装允许偏差、

埋件防腐表面处理和防腐保护层检查。（　）

17. 所有金属结构构件必须在生产厂家制作，不得在现场制作。（　）

18. 螺杆式启闭机安装工程质量检查项目只有启闭机中心偏差、高程和水平位置。（　）

19. 金属结构构件到场长期存放时，每年应清洗一次，并涂防锈油。（　）

20. 金属结构表面在实施防腐处理前，仅对缺锈清除可以实施。（　）

21. 对于金属结构表面防腐层厚度，用肉眼检查便可以确定。（　）

22. 桥式启闭机经过安装后的试运行便可以投入运行。（　）

23. 对于所有焊缝均须进行无损检测合格后才能投入运行。（　）

24. 对于所有焊缝须进行焊缝外观质量检查。（　）

25. 对于金属结构构件的所有母材，应具有产品质量证明书，并符合相应标准的规定。（　）

26. 返工后不须按原焊缝的规定进行后热。（　）

27. 金属结构安装工程必须作为一个独立单位工程进行独立评定验收。（　）

28. 高强钢的钢管或岔管不宜做焊后消应热处理。（　）

29. 钢管表面不允许存在电弧擦伤，如有擦伤，应将擦伤处打磨，并检查有无裂纹。（　）

30. 压力钢管的水压试验是采用直接加压到规定的最大试验压力，不需逐级加压。（　）

二、单项选择题（每题只有一个答案是正确的，将正确答案的序号填在括号内；每题1分，共40分）

1. 组成闸门结构的主要构件为各种形式的工字梁、箱形梁、（　）和隔板。

A. T形梁　　B. 方形梁　　C. 面板

2. 铸钢件表面质量检验，铸钢件表面不应有（　）、冷隔和缩松等缺陷。

A. 气孔　　B. 飞溅　　C. 裂纹

3. Ⅰ、Ⅱ类锻件应按照 GB/T 6402 进行锻件内部质量检验和评定，Ⅰ类锻件关键部位的质量等级应符合（　）标准，Ⅱ类锻件关键部位应符合3级标准。

A. 1级　　B. 2级　　C. 3级

4. 平面闸门的门叶局部平面度检验主要检验焊接后面板及腹板的局部平

面度，可用 1 m 的长钢板尺直接放在腹板或面板上，并移动检测位置，即可检验局部平面度，局部平面度的偏差应控制在每米范围内不大于(　　) mm。

A. 3　　B. 4　　C. 5

5. 拦污栅栅体框架组装后检验各构件相互位置及几何尺寸，栅体的竖向、横向直线度要求应凸向迎水面，并检验边梁对角线相对差不大于 4 mm、栅体扭曲不大于(　　) mm。

A. 1　　B. 2　　C. 3

6. 弧门铰座的基础螺栓中心和设计中心位置偏差应不大于(　　) mm。

A. 1　　B. 2　　C. 3

7. 支臂是弧门的重要受力部件，承受水推力的大部分荷载。因此，支臂对弧门长期安全运行影响较大，在支臂加工后应重点控制支臂中心开口弦长，其极限偏差应小于弦长的(　　)。

A. 1/1 000　　B. 1/2 000　　C. 1/1 500

8. 弧形闸门门叶处于工作部位后，止水橡皮的压缩量应符合设计要求，允许偏差为(　　) mm。

A. ±0.5　　B. ±1.0　　C. ±2.0

9. 检验等级中的 B 级检验原则上采用一种角度探头在焊缝的(　　)进行检验，对整个焊缝的截面进行探测。

A. 单面双侧　　B. 单侧双面　　C. 双侧单面

10. 超声波探伤频率一般在(　　)。

A. 0.5 ~ 10 MHz　　B. 0.1 ~ 5 MHz　　C. 1 ~ 15 MHz

11. 金属热喷涂保护系统的涂层厚度检验时：当有效表面的面积在(　　)时，应采用"十点测量法"，并取 10 次测量值的算术平均值为该基准面的局部厚度。

A. 1 m^2 以上　　B. 0.5 m^2 以上　　C. 2 m^2 以上

12. 根据锻件受力的重要程度，锻钢件分为(　　)等级。

A. Ⅰ至Ⅲ类三个　　B. Ⅰ至Ⅴ类五个　　C. Ⅰ至Ⅵ类六个

13. 移动式启闭机小车轨距偏差不超过(　　) mm。

A. ±3　　B. ±5　　C. ±8

14. 涂料涂层厚度检验时，是进行(　　)。

A. 干膜测定　　B. 湿膜测定　　C. 干膜和湿膜均可

15. 单节钢管长度与设计长度之差的极限偏差为(　　) mm。

A. ±2　　B. ±3　　C. ±5

16. 明管加劲环的对接焊缝是(　　)焊缝。

A. 一类　　B. 二类　　C. 三类

17. 对有延迟裂纹倾向的焊缝,无损检测应在焊接完成(　　)小时以后进行。

A. 12　　B. 24　　C. 48

18. 压力钢管水压试验的水温应在(　　)℃以上。

A. 5　　B. 8　　C. 10

19. 最大反射波幅不超过评定线的缺陷,均评为(　　)级。

A. Ⅰ　　B. Ⅱ　　C. Ⅳ

20. 超声波检验等级分为 A、B、C 三级,其中(　　)级最高。

A. A　　B. B　　C. C

21. 门体边纵梁跨距:弧形闸门边梁及纵梁由门顶至门底的中心跨距应一致,检验边梁与纵梁跨距的偏差不超过(　　) mm。

A. 1.0　　B. 2.0　　C. 3.0

22. 一般弧形闸门门槽埋件侧止水板和侧轮导板的中心曲率半径允许偏差为(　　) mm。

A. ±1.0　　B. ±2.0　　C. ±3.0

23. 渗透探伤作为一种(　　)缺陷探伤方法,可以应用于金属和非金属材料的探伤。

A. 表面　　B. 内部　　C. 中部

24. 金属涂层厚度检验要求是(　　)。

A. 最小局部厚度不小于设计规定厚度

B. 85% 以上的局部厚度达到设计要求

C. 最小局部厚度达到设计值的 85%

25. 金属热喷涂复合涂层厚度测量时,在平整表面每 10 m^2 至少测量(　　)个局部厚度。

A. 1　　B. 2　　C. 3

26. 加劲环、支承环、止推环和阻水环的内圈弧度用(　　)检查。

A. 钢板尺　　B. 塞尺　　C. 样板

27. 超声波探伤检验时,当探测横向缺陷时,应将各线灵敏度提高(　　) dB。

A. 6　　B. 10　　C. 12

28. 闸门沉降试验在 24 h 内,闸门因液压缸的内部漏油而产生的沉降量不大于(　　)mm。

A. 50　　　　B. 100　　　　C. 150

29. 磁粉探伤对表面缺陷灵敏度最高，表面以下的缺陷随深度的增加，灵敏度迅速(　　)。

A. 增加　　　　B. 降低　　　　C. 不变

30. 钢管对圆应在平台上进行，其管口平面度不应大于(　　)mm。

A. 1　　　　B. 2　　　　C. 3

31. 液压启闭机机架在安装时，其横向中心线与实际起吊中心线的距离不超过(　　)mm。

A. ±1　　　　B. ±2　　　　C. ±3

32. 金属热喷涂工艺中，压缩空气的压力不应小于(　　)MPa。

A. 0.4　　　　B. 1　　　　C. 2

33. 当人字闸门上游在设计水位时，检验下游门体斜接柱的支垫间、门体门轴柱上的枕垫与门轴支垫间的漏水量不能超过(　　)L/s。

A. 0.1　　　　B. 0.2　　　　C. 0.4

34. 门架(桥架)焊缝检测中，(　　)属于二类焊缝。

A. 吊杆的对接焊缝

B. 支腿和主梁连接的对接焊缝

C. 吊耳板连接的组合焊缝

35. 回转式清污机荷载限制器综合误差不应大于(　　)

A. 2%　　　　B. 5%　　　　C. 8%

36. 测厚仪检测涂膜厚度的精度应不低于(　　)。

A. ±5%　　　　B. 10%　　　　C. 15%

37. 平面闸门无水启闭检验时，倾斜不应超过门高的(　　)。

A. 1/1 000　　　　B. 1/100　　　　C. 5/1 000

38. 弧形闸门门体在拼装胎具上组装后，焊接前门体扭曲值不超过(　　)mm。

A. 2　　　　B. 3　　　　C. 4

39. 用表面粗糙度仪检测粗糙度时，在 40 mm 评定长度范围内测(　　)个点，取其算术平均值作为此评定点的表面粗糙度值。

A. 3　　　　B. 5　　　　C. 10

40. 移动式启闭机静载试验中，在额定载荷下，主梁实测挠度值不大于(　　)L。

A. 1/500　　　　B. 1/600　　　　C. 1/700

三、多项选择题(每题有两个或两个以上正确答案,将正确答案的序号填在括号内;每题 2 分,共 80 分,错选或多选本题不得分;少选,但选择正确的每个选项得 0.5 分)

1. 弧形闸门门体在拼装胎具上组装后,焊接前应检验(　　)。

A. 面板弧度　　　　B. 门体边纵梁跨距

C. 门体扭曲　　　　D. 门体横向弯曲

2. 螺杆启闭机荷载试验检测内容及技术要求包括(　　)。

A. 传动零件运转平稳,无异常声音、发热和漏油现象

B. 行程开关动作灵敏可靠

C. 荷载控制装置、高度指示装置动作灵敏,指示正确,安全可靠

D. 双吊点启闭机同步升降无卡阻现象,电机驱动运行应平稳,传动皮带无打滑现象

3. 平面闸门无水启闭检验包括(　　)。

A. 抓梁连接闸门门叶后,使用启闭机吊离地面,入槽前使用经纬仪检验定轮或滑道中心,测量其上下游与左右方向垂直度偏差

B. 在门槽内全行程启闭三次,检查门叶入槽是否通畅,滑道及定轮是否与主轨工作面有挤压和卡阻现象,对多门槽共用门叶还须在每个门槽中做入槽试验

C. 门叶在工作位置检验充水平压阀阀杆与阀座的间隙,用塞尺检验如有间隙应采用研磨手段将间隙消除

D. 门叶处于工作位置,用灯光及塞尺检验水封压紧情况,如止水水封与门轨的止水板有间隙,调整水封垫板使其达到设计要求

4. 固定卷扬式启闭机的主要组成有(　　)。

A. 机架　　　　B. 起升机构

C. 电气控制系统　　　　D. 安全装置

5. 焊接缺陷常用的检验方法有(　　)。

A. 射线检验　　B. 超声波探伤　　C. 磁粉探伤　　D. 渗透探伤

6. 固定卷扬式启闭机无荷载试验是指吊具上不带闸门的运行试验,在全行程内往返进行 3 次,下列(　　)是该试验的检测项目和技术要求。

A. 电动机三相电流不平衡度不超过 20%

B. 所有机械部件运转时,无冲击声和其他异常声音

C. 钢丝绳在任何部位,均不会与其他部件相摩擦

D. 制动器松闸时，闸瓦能够全部打开，闸瓦与制动轮的间隙在 0.5 ~ 1.0 mm 之间

7. 关于液压启闭机现场试验检测的一般要求，下列哪些说法是正确的（　　）。

A. 运行试验前，运行区域内的一切障碍物要清除干净

B. 环境温度不低于设计工况的最低温度

C. 液压油型号、油量、油位及过滤精度要符合设计要求

D. 操作机构及其附件操作灵活，各种辅助开关触点分合正确，线路的绝缘电阻不小于 1 MΩ

8. 下列是一类焊缝的有（　　）。

A. 钢管管壁纵缝　　B. 岔管管壁纵缝、环缝

C. 支承环对接焊缝

D. 闷头焊缝及闷头与管壁的连接焊缝

9. 超声波探伤中耦合剂选择的原则是（　　）。

A. 良好的透声性　　B. 较大的流动性

C. 对人体、材料无损伤　　D. 便于清理

10. 下列哪些项是涂料涂层的干膜厚度合格的要求（　　）。

A. 85% 以上的局部厚度应达到设计厚度

B. 没有达到设计厚度的部位，其最小局部厚度不低于设计厚度的 85%

C. 最小局部厚度不小于设计值

D. 85% 的测点达到设计值

11. 液压启闭机的组成包括（　　）。

A. 油泵　　B. 油缸

C. 控制调节装置　　D. 辅助装置

12. 液压启闭机出厂试验主要包括（　　）。

A. 空载试验　　B. 最低动作压力试验

C. 耐压试验　　D. 内、外泄漏试验

13. 质量评定和检测报告的审核应由（　　）级无损检测人员担任。

A. 1　　B. 2　　C. 3　　D. 4

14. 闸门部件形状公差检验方法包括（　　）。

A. 直线度检验　　B. 平面度检验

C. 圆度检验　　D. 圆柱度检验

15. 超声波探伤仪的探头形式有很多种，根据在被探材料中传播的波形可

以分为(　　)。

A. 直探头　　B. 斜探头

C. 脉冲波探头　　D. 连续波探头

16. 超声波探伤检验中典型的耦合剂有(　　)。

A. 水　　B. 机油　　C. 甘油　　D. 浆糊

17. 压力钢管一、二类焊缝不允许下列哪些缺陷存在(　　)。

A. 裂纹　　B. 表面夹渣及气孔　　C. 咬边　　D. 未焊满

18. 直探头检验 B 级评定中,评定灵敏度、定量灵敏度、判废灵敏度所对应平底孔为(　　)。

A. $\phi 2$　　B. $\phi 3$　　C. $\phi 4$　　D. $\phi 6$

19. 移动式启闭机的试验检测主要包括(　　)。

A. 试验准备　　B. 空载试运行　　C. 静载试验　　D. 动载试验

20. 金属涂层厚度测定方法包括(　　)。

A. 有效表面的面积在 1 m^2 以上时,在面积 1 dm^2 的基准面用测厚仪测量 10 次,取其算术平均值为该点局部厚度

B. 有效面积在 1 m^2 以下,在一个面积为 1 cm^2 的基准面测量 5 次,取其算术平均值为该点局部厚度

C. 在 1 dm^2 的基准面上距离 10 ~ 25 cm 的距离上测量 3 点,取其算术平均值为该点局部厚度

D. 在 1 dm^2 的基准面上距离 10 ~ 25 cm 的距离上测量 5 点,取其算术平均值为该点局部厚度

21. 射线探伤的安全保护包括(　　)。

A. 屏蔽防护　　B. 距离防护　　C. 时间防护　　D. 方向防护

22. 压力钢管安装前,钢管(　　)等控制点宜永久性保留,并作出明显标识。

A. 中心线　　B. 高程

C. 里程　　D. 钢管管壁厚度

23. 钢丝绳存在哪一种情况时,禁止使用(　　)。

A. 绳径局部增大　　B. 绳径局部减小

C. 弯折　　D. 断丝

24. 焊接接头的无损检验:渗透探伤的基本操作步骤包括(　　)。

A. 预处理　　B. 乳化　　C. 显像　　D. 渗透

25. 平面闸门的轨道埋件一般由(　　)组成。

A. 底坎　　　　B. 主反轨　　　　C. 边导轨　　　　D. 侧轨、副轨

26. 下列钢结构部件中由铸、锻件构成的有(　　)。

A. 平面闸门的定轮　　　　B. 滑动支承座及止水座支承

C. 弧形闸门的铰链与铰座　　　　D. 弧形闸门的偏心轴与轴套

27. 闸门涂装过程主要控制检验项目有(　　)。

A. 除锈后表面粗糙度和清洁度

B. 金属喷镀层的厚度和金属附着力

C. 喷涂层的厚度及封闭底漆的附着力

D. 中间层、表面层涂层的厚度及针孔(致密度)和干膜总厚度

28. 在磁粉探伤中,磁粉的(　　)等对工件表面的磁痕显示有很大的影响。

A. 粒度　　　　B. 颜色　　　　C. 成分　　　　D. 磁性

29. 移动式启闭机动载的试验内容、检测项目包括(　　)。

A. 由 75% 的额定载荷逐步增至 110% 的额定载荷,作重复的起升、下降、停车、起升等动作,延续时间至少 1 h

B. 行走试验的荷载为 1.10 倍设计行走荷载

C. 行走试验时,主要检查门架或台车架的摆动情况,是否有碍正常运行,并记录最大摆幅

D. 行走机构的制动装置是否灵活,车轮与轨道的配合是否正常,有无啃轨现象

30. 液压启闭机的油缸一类焊缝包括(　　)。

A. 缸体对接焊缝　　　　B. 缸体与法兰的连接焊缝

C. 活塞杆分段连接的对接焊缝　　　　D. 缸体的环缝

31. 焊缝内部缺陷无损检测时,不适用于锻件的检测方法是(　　)。

A. 射线检验　　　　B. 超生波探伤　　　　C. 磁粉探伤　　　　D. 渗透探伤

32. 在进行涂装施工时,下列(　　)说法是正确的。

A. 空气相对湿度低于 85%

B. 基体金属表面温度不低于大气露点以上 3 ℃

C. 在潮湿等环境条件下,表面预处理与涂装之间的间隔时间控制在 12 h内

D. 在晴天的条件下,表面预处理与涂装之间的间隔时间控制在 8 h 内

33. 金属热喷涂工艺时,下列哪些说法是正确的。(　　)

A. 喷涂用的压缩空气应清洁、干燥,压力不小于 0.4 MPa

B. 喷嘴与基体表面的距离宜为 100 ~ 200 mm

C. 相邻喷幅之间应重叠 1/3

D. 上下两遍之间的喷枪走向应相互垂直

34. 人字闸门门体的检验项目中有以下哪些项符合要求？(　　)

A. 人字闸门整体组装时，应以门叶中心线和底横梁中心线为基准。

B. 底枢顶盖中位与旋转中心位置度偏差不大于 3.0 mm，底枢顶盖座面与底横梁中心线的平行度公差应不大于 2.0 mm。

C. 人字闸门总拼时应在门叶上作出顶、底枢轴线以及顶枢轴线和顶枢轴孔控制线，并应用经纬仪检验，顶、底枢中心同轴度公差应不大于 0.5 mm。

D. 底节门体在总装前应将安装在底枢顶盖的球瓦与蘑菇头进行研磨，检验接触面积应在球瓦顶部、球面 20° ~ 120°范围内，接触面的点数为每 25 mm × 25 mm 范围内不少于 2.0 点。

35. 固定卷扬式启闭机齿轮副端面缺陷检测时，下列叙述哪些可视为结果不合格？(　　)

A. 齿轮端面的单个缺陷面积不超过 300 mm^2。

B. 齿轮端面单个缺陷深度不超过该处名义厚度的 20% 。

C. 同一加工面上的缺陷数量不超过 2 处。

D. 相邻两缺陷的间距不小于 50 mm。

36. 移动式启闭机车轮制造检测中，下列(　　)论述是正确的。

A. 车轮不允许有裂纹、龟裂和起皮

B. 车轮踏面和轮缘内侧面上，允许有直径小于 2 mm、个数不多于 5 处的麻点

C. 车轮踏面与轮缘内侧表面的硬度不小于 HB300

D. 车轮轴孔内允许不超过表面积 10% 的轻度缩松及深度小于 2 mm，间距不小于 50 mm，数量不大于 3 个的缺陷

37. 液压式启闭机现场试验检测时，对于闸门沉降试验要求有哪些？(　　)

A. 在 24 h 内，闸门因液压缸的内部漏油而产生的沉降量不大于 100 mm。

B. 24 h 后，闸门沉降量超过 100 mm 时，要有警示信号提示，闸门沉降量超过 200 mm 时，液压系统具备自动复位的功能

C. 72 h 内自动复位次数不大于 2 次。

D. 72 h 内自动复位次数不大于 3 次。

38. 压力钢管质量检验所用的测量器具应符合下列(　　)要求。

A. 精度不低于Ⅰ级的钢卷尺

B. 不低于 DJ_2 级精度的经纬仪

C. 不低于 DS_3 级精度的水准仪

D. 精度不低于 ±10% 的涂镀层测厚仪。

39. 压力钢管制造横截面的形状偏差应符合下列规定(　　)。

A. 圆形截面的钢管,圆度不大于 3D/1 000,且最大值不大于 30 mm,每端管口应测 2 对直径,两次测量应错开 45°

B. 椭圆形截面的钢管,长轴 a 和短轴 b 的长度与设计尺寸的偏差不大于 3a(3b)/1 000,且极限偏差 ±6 mm

C. 椭圆形截面的钢管,长轴 a 和短轴 b 的长度与设计尺寸的偏差不大于 2a(2b)/1 000,且极限偏差 ±5 mm

D. 矩形截面的钢管,长边 A 和短边 B 的长度与设计尺寸的偏差不大于 3A(3B)/1 000,且极限偏差 ±6 mm,每对边应测三处,对角线差不大于 6 mm

40. 耙斗式清污机中关于耙齿检验技术的要求哪些是正确的?(　　)

A. 耙齿与拦污栅栅条的最小间隙应不小于 5 mm。

B. 耙齿齿尖距拦污栅横向支撑应不小于 10 mm。

C. 耙齿齿尖插入拦污栅栅面应不小于 15 mm。

D. 耙斗导向槽直线度应不大于 5 mm。

机械电气

满分:150 分

一、判断题(每题 1 分,共 30 分;在题后括号内,正确的划"√",错误的划"×")

1. 水轮机的工作水头在数值上等于水电站的毛水头。 ( )
2. 水轮机的轴面速度即轴向速度。 ( )
3. 水轮机绝对速度的轴面分量 V_m 与相对速度的轴面分量 W_m 相等。 ( )
4. 水轮机输出有效功率的必要条件是轮叶进口环量必须大于零。 ( )
5. 对于几何相似的水轮机,其效率相等时工况一定是相似工况。 ( )
6. 同一水头下的相似水轮机,尺寸越大转速越高。 ( )
7. 水轮机的空化与水轮机的安装高程有关。 ( )
8. 水轮机的空化系数与水轮机的安装高程有关。 ( )
9. 一般在相同开度条件下,低比转速水轮机导水机构的相对水力损失比高比转速水轮机导水机构的相对水力损失大。 ( )
10. 弯肘形尾水管的动能恢复系数比直锥形尾水管的动能恢复系数大。 ( )
11. 计算水轮机的转速应使用平均水头。 ( )
12. 转桨式水轮机保持协联关系时飞逸转速小于协联关系破坏时的飞逸转速。 ( )
13. 水轮机的效率是机组的出力与输入水轮机的水流功率之比。 ( )
14. 反击式水轮机流道中的压力是保持不变的。 ( )
15. 冲击式水轮机流道中的压力等于大气压力。 ( )
16. 空化是在常温状态下由于液体内部压力降低发生的汽化现象。 ( )
17. 翼型空化发生在所有水轮机中。 ( )
18. 泥沙多的水流容易发生空化。 ( )
19. 相似水轮机尺寸越大效率越高。 ( )
20. 蜗壳中实际的水流不是轴对称的。 ( )

21. 水轮机转轮叶片出口水流环量必须大于进口水流环量才能正常工作。 (　　)

22. 选型设计中,应把最优工况作为设计工况。 (　　)

23. 轴流式水轮机较斜流式水轮机的飞逸转速低。 (　　)

24. 发电机励磁系统为发电机转子提供励磁电流以形成旋转磁场。(　　)

25. 水轮机的 n_{11} 和 Q_{11} 分别相等时,其比转速一定相等。 (　　)

26. 同一水轮机在工况相似条件下,其转速与水头成正比。 (　　)

27. 在同样水头与压力条件下,冲击式水轮机的尺寸比混流式大。 (　　)

28. 计算水轮机直径时应使用额定水头。 (　　)

29. 水轮机的最大容许吸出高度应选择各水头下吸出高度的最大值。 (　　)

30. 水头变幅较大的低水头水电站应选择轴流转桨式水轮机。 (　　)

二、单项选择题(每题只有一个答案是正确的,将正确答案的序号填在括号内;每题 1 分,共 40 分)

1. 水轮机的效率是(　　)。

A. 水轮发电机出力与水流功率之比

B. 水轮机出力与发电机出力之比

C. 水轮机出力与水流功率之比

D. 发电机出力与水轮机出力之比

2. 混流式水轮机的效率修正采用(　　)。

A. 按工况修正　　B. 等值修正法

C. 按导叶开度修正　　D. 按协联修正

3. 防止翼型空化的条件是(　　)。

A. 实际吸出高度大于允许吸出高度

B. 实际吸出高度小于允许吸出高度

C. 实际吸出高度等于允许吸出高度

D. 与吸出高度无关

4. 水轮机的装置空化系数与水轮机的(　　)有关。

A. 安装高程　　B. 工况　　C. 导叶开度　　D. 水头

5. 包角越大,蜗壳中的水流越(　　)。

A. 均匀　　B. 不均匀　　C. 与包角无关　　D. 与包角成正比

6. 可以增大水流环量的导叶是(　　)。

A. 正曲率导叶　　B. 负曲率导叶

C. 对称型导叶　　D. 与曲率半径无关

7. 水轮机安装紧急真空破坏阀的目的是(　　)。

A. 防止空腔涡带　　B. 防止机组空化

C. 防止机组振动　　D. 防止台机事故

8. 水轮机过流部件空蚀的典型特征是(　　)。

A. 蜂窝状组织　　B. 鱼鳞坑　　C. 波纹　　D. 沟槽

9. 水轮机导叶开度越大(　　)。

A. 效率越高　　B. 出力越大　　C. 流量越大　　D. 效率越低

10. 轴流式水轮机的应用水头是(　　)。

A. 2 ~ 70 m　　B. 30 ~ 450 m

C. 70 ~ 1 000 m　　D. 300 ~ 700 m

11. 混流式水轮机的标称直径是(　　)。

A. 导叶轴线直径　　B. 转轮室直径

C. 进口边最小直径　　D. 进口边最大直径

12. 冲击式水轮机的必要部件中有(　　)。

A. 导水机构　　B. 喷嘴与折向器

C. 尾水管　　D. 蜗壳

13. 计算水轮机转轮直径 D_1 时应用(　　)。

A. 设计水头 H_r　　B. 平均水头 H_a

C. 最大水头 H_{max}　　D. 最小水头 H_{min}

14. 水头低于 40 m 的水电站应用(　　)。

A. 金属蜗壳　　B. 完全蜗壳

C. 混凝土蜗壳　　D. 非完全蜗壳

15. 金属蜗壳的包角一般为(　　)。

A. 135° ~ 270°　　B. 345°　　C. 360°　　D. 225°

16. 水轮机的空化系数是水轮机(　　)的相对值。

A. 动态真空　　B. 静态真空　　C. 吸出高度　　D. 飞逸转速

17. 尾水管补气的主要目的是(　　)。

A. 消除和减轻尾水管的空腔空化

B. 消除和减轻转轮叶片的空化

C. 消除和减轻导叶的空化

D. 消除和减轻蜗壳的空化

18. 金属蜗壳的断面为(　　)。

A. 长方形　　B. 梯形

C. 圆形和椭圆形　　D. 正方形

19. 采用包角180°的混凝土蜗壳的水轮机的导叶应是(　　)。

A. 正曲率导叶　　B. 负曲率导叶

C. 对称型导叶　　D. 以上均可

20. 导水机构调节流量的实质是(　　)。

A. 改变导叶进口面积　　B. 改变导叶进口水流角度

C. 改变导叶出口面积　　D. 改变导叶出口水流角度

21. 水轮机相似判据是(　　)。

A. 单位流量与单位转速　　B. 单位转速与比转速

C. 单位流量与比转速　　D. 比转速与飞逸转速

22. 在水力机械的转速检测时,为了获得理想的键相脉冲信号,键相位的涡流传感器应(　　)安装。

A. 水平　　B. 轴向　　C. 径向　　D. 垂直

23. 轴流式水轮机的过流能力比混流式(　　)。

A. 小　　B. 大　　C. 相同　　D. 不一定

24. 一般情况下轴流式水轮机的叶片数比混流式(　　)。

A. 多　　B. 少　　C. 相同　　D. 不一定

25. 轴流式水轮机的导水机构高度 b_0 一般为(　　)。

A. $(0.1 \sim 0.35)D_1$　　B. $(0.35 \sim 0.45)D_1$

C. $(0.45 \sim 0.65)D_1$　　D. $(0.65 \sim 0.75)D_1$

26. 轴流式水轮机一般采用(　　)。

A. 正曲率或对称形导叶　　B. 负曲率导叶

C. 零曲率导叶　　D. 大曲率导叶

27. 混凝土蜗壳的包角一般为(　　)。

A. 90° ~180°　　B. 180° ~270°

C. 270° ~345°　　D. 345° ~360°

28. 水轮机运转综合特性曲线以(　　)作为坐标参数。

A. n_{11} 和 Q_{11}　　B. N 和 Q

C. H 和 N　　D. H 和 P

29. 等叶片转角线是(　　)水轮机模型综合曲线的组成部分。

A. 轴流定桨式　　B. 混流式　　C. 轴流转桨式　　D. 冲击式

30. 转桨式水轮机协联保持时的飞逸转速比协联破坏时(　　)。

A. 高　　B. 低　　C. 相等　　D. 不一定

31. 一般来说,造成危害最为严重的短路类型是(　　)。

A. 单相接地短路　　B. 两相短路接地

C. 两相接地短路　　D. 三相短路

32. 表明断路器灭弧能力的参数是(　　)。

A. 额定电流　　B. 额定开断电流

C. 动稳定电流　　D. 热稳定电流

33. 当三相母线安装于同一平面时,哪一相母线所受的电动力最大?(　　)

A. 中间相　　B. 两边相　　C. 三相相等　　D. 不一定

34. 电压互感器正常工作时,二次侧决不允许(　　)。

A. 开路　　B. 短路

C. 根据在系统中所起的作用不同而不同　　D. 无所谓

35. 电流互感器正常工作时,二次侧决不允许(　　)。

A. 开路　　B. 短路

C. 根据在系统中所起的作用不同而不同　　D. 无所谓

36. 对于带接地闸刀的隔离开关来说,工作闸刀和接地闸刀能否同时合闸?(　　)

A. 能　　B. 不能

C. 根据具体的倒闸操作有不同的要求　　D. 以上都不对

37. 110 kV 以上的电力系统中性点接地方式一般采用(　　)。

A. 中性点不接地　　B. 中性点经消弧线圈接地

C. 中性点直接接地　　D. A、B 或 C 均可

38. 水力机组振动测量传感器一般选择(　　)。

A. 光电耦合器　　B. 电涡流位移传感器

C. 电磁传感器　　D. 速度型振动传感器

39. 水力机组摆度测量传感器一般选择(　　)。

A. 电涡流位移传感器　　B. 速度型振动传感器

C. 电磁传感器　　D. 光电耦合器

40. 发电机温度测量即测量发电机(　　)温度。

A. 定子线圈　　B. 转子线圈

C. 推力轴承　　D. 导轴承

三、多项选择题(每题有两个或两个以上正确答案，将正确答案的序号填在括号内；每题2分，共80分，错选或多选本题不得分；少选，但选择正确的每个选项得0.5分)

1. 水力机械的振动测试，一般的测量方向为(　　)。

A. 水平方向　B. 垂直方向　C. 径向　D. 轴向

2. 水轮机流量测量常用的方法有(　　)。

A. 流速法　B. 堰测法　C. 差压法　D. 示踪法

3. 水电厂水位测量的要求(　　)。

A. 在自由水面处测量，水面坡降较小或无坡降

B. 水流平稳，流速尽可能小，无漩涡或翻腾

C. 测点距上、下游进、出水口较近

D. 尽量设专门测井，以减少水面波动

E. 水质较好

4. 水力机组振动的原因有(　　)。

A. 机械振动　B. 水力振动　C. 电磁振动　D. 噪声

5. 水力机组振动测量的内容包括(　　)。

A. 振动测量　B. 摆度测量

C. 压力脉动测量　D. 轴变形

6. 水电厂油系统监测的内容包括(　　)。

A. 油温监测　B. 油压监测　C. 油质监测　D. 油位监测

7. 水电厂水系统监测的内容包括(　　)。

A. 供水压力监测　B. 流量监测　C. 水温监测

D. 水流通断监测　E. 水质

8. 水电厂压缩空气系统监测的内容包括(　　)。

A. 压力　B. 温度　C. 容量　D. 密度

9. 原型水轮机效率试验的目的是(　　)。

A. 提供最重要的基础技术资料

B. 进行水轮机的效率特性的鉴定

C. 率定蜗壳流量计的流量系数

D. 鉴定水轮机的稳定性

10. 水轮机模型和原型相似换算时，对水轮机效率进行修正的主要原因是模型水轮机和原型水轮机不能保证完全的(　　)。

A. 几何相似　B. 力学相似

C. 尺寸大小相等　D. 工况相同

11. 水轮机导水机构的作用有(　　)。

A. 调节水轮机的流量　　B. 改变转轮进口水流的环量

C. 改变转轮进口水流的方向　　D. 截断水流

12. 水轮机流量调节的方式有(　　)。

A. 改变导水机构高度,采用插板式导水机构

B. 改变导叶出口水流角,采用导叶式导水机构

C. 改变叶片安放角,采用调桨式机构

D. 同时调节导叶出口角与叶片角度,即双调水轮机

13. 衡量电能质量的指标主要有(　　)。

A. 电压　　B. 频率　　C. 波形　　D. 相位

14. 电力系统中性点的接地方式有(　　)。

A. 直接接地方式　　B. 不接地方式

C. 经消弧线圈接地方式　　D. 经大电容接地

15. 按用户用电负荷的重要程度,可将负荷分为(　　)。

A. 一级负荷　　B. 二级负荷

C. 三级负荷　　D. 四级负荷

16. 母线的作用是(　　)。

A. 汇集电能　　B. 分配电能

C. 传输电能　　D. 连接各电气设备

17. 熔断器的作用是(　　)。

A. 保护短路　　B. 保护过负荷　　C. 测量　　D. 控制

18. 电气设备的接地,按其作用可分为(　　)。

A. 工作接地　　B. 保护接地　　C. 防雷接地　　D. 测量接地

19. 通常将电力系统的稳定问题分为(　　)。

A. 静态稳定　　B. 暂态稳定

C. 动态稳定　　D. 过渡过程稳定

20. 电力网的接线方式可分为(　　)。

A. 无备用方式　　B. 有备用方式　　C. 三相接地　　D. 单相接地

21. 避雷针是由(　　)三部分组成。

A. 接闪器　　B. 接地引下线　　C. 接地体　　D. 消弧线圈

22. 水电站油系统中,绝缘油在设备中的作用是(　　)。

A. 绝缘　　B. 散热　　C. 消弧　　D. 传递能量

23. 水电站的排水系统可以分为(　　)。

A. 技术排水　　B. 检修排水　　C. 渗漏排水　　D. 生活排水

24. 反击式水轮机的过流部件组成部分主要有(　　)。

A. 蜗壳　　B. 导水机构　　C. 转轮　　D. 主轴密封

25. 装有混流式水轮机的水电站，厂内渗漏水量主要来自(　　)。

A. 水轮机顶盖漏水　　B. 冷却器漏水

C. 大轴密封漏水　　D. 坝体渗漏水

26. 水电站油系统中，透平油在设备中的作用是(　　)。

A. 绝缘　　B. 散热　　C. 润滑　　D. 液压操作

27. 水电站技术供水对象主要有(　　)。

A. 水轮发电机组　　B. 水冷式空压机

C. 水冷式变压器　　D. 高压开关

28. 水电站各用水设备对供水的要求是(　　)。

A. 水量　　B. 水温　　C. 水压　　D. 水质

29. 水电站技术供水的作用是对运行设备进行(　　)。

A. 冷却　　B. 润滑　　C. 液压操作　　D. 传递能量

30. 水电站油系统中，促使油加速氧化作用的因素主要有(　　)。

A. 水分　　B. 温度　　C. 空气　　D. 天然光线

E. 电流

31. 水电站油系统中，防止油劣化的措施主要有(　　)。

A. 将设备密封，防止水分侵入，保持呼吸器的性能良好

B. 保持设备在正常工况下运行，冷却水正常供应，保护正常油膜，防止油和设备过热

C. 减少油与空气的接触，防止泡沫形成

D. 将贮油槽布置在阴凉干燥处，避免阳光直接照射

E. 在轴承中采用绝缘垫，防止轴电流

F. 用油设备、贮油设备和输油管道要采用正确的清洗方法进行清洗；选用合适的油漆；避免不同种类的油相互混合，若要混合必须通过试验确定

32. 对于水电站油系统的布置设计，下列说法正确的有(　　)。

A. 油罐室可布置在厂房内或厂房外

B. 厂内透平油宜布置在水轮机层

C. 油罐不宜成列布置

D. 油处理室应靠近油罐布置

E. 油处理室不宜设计成固定式设备

33. 高压压缩空气系统用于(　　)。

A. 机组调相工况压水

B. 配电装置中的空气断路器

C. 机组制动

D. 油压装置

34. 为了查找水轮发电机组振动的原因,一般应做以下工况的振动试验(　　)。

A. 空载无励磁变转速工况振动试验

B. 空载变励磁工况振动试验

C. 变负荷工况振动试验

D. 调相运行工况振动试验

E. 变速试验

35. 常用水轮机相对空蚀强度测量方法有(　　)。

A. 电阻法　　B. 电容法　　C. 电感法　　D. 声学法

36. 水电站上、下游水位的测量指的是(　　)。

A. 上游水库水位或压力前池水位的测量

B. 尾水位的测量

C. 上、下游水位差的测量

D. 水轮机安装高程的测量

37. 测量水轮机工作水头可以采用的方法有(　　)。

A. 利用压力表或压力变送器直接测量水轮机进口处的压力值

B. 利用压力表或压力变送器直接测量蜗壳进口处的压力值

C. 利用差压计或差压变送器测量水轮机转轮进口和尾水管出口的压力差

D. 利用差压计或差压变送器测量蜗壳进口和尾水管出口的压力差

38. 蜗壳进口压力测量的目的是(　　)。

A. 在正常运行时,测量蜗壳进口压力是为了检测压力钢管末端的实际水头值

B. 在机组甩负荷时,可以在蜗壳进口处测量水锤压力上升值及其变化规律

C. 在做机组效率试验时,可通过蜗壳进口测量水轮机工作水头中的压

力水头值

D. 在进行机组过渡过程的研究试验中，蜗壳进口压力相当于导叶前的压力，用其和导叶后测点的压力相比较，可用来确定导叶在一定运动规律下的水力损失情况

39. 尾水管进口真空的测量目的是(　　)。

A. 分析尾水管的水流情况　　B. 分析水轮机发生空蚀的原因

C. 分析水轮机振动的原因　　D. 检验补气装置的工作效果

40. 机组转速测量的目的是(　　)。

A. 研究水轮发电机(组)过渡过程　　B. 测定水力机械的功率

C. 检测机组运行情况　　D. 分析水轮机振动的原因

量测(一)

满分:150 分

一、判断题(每题 1 分,共 30 分;在题后括号内,正确的划“√”,错误的划“×”)

1. 测量工作的内容包括测定和测设两个部分。 ( )
2. 粗差在大小和符号上具有一定的统计规律性。 ( )
3. 外界环境是影响观测精度的主要因素。 ( )
4. 测量过程中如果仔细进行仪器操作和观测,偶然误差是可以避免的。 ( )
5. 变形数据处理中内部可靠性是研究不可发现的模型误差对平差结果的影响。 ( )
6. 施工控制网的坐标系统可以采用绝对坐标也可以采用相对坐标实施。 ( )
7. 成本最少,可区分度和可靠性满足一定要求是单目标变形网优化时选择的方案之一。 ( )
8. 二等水准测量闭合差限差要求为 $2\sqrt{L}$(mm)(L 为水准线路长,单位:km)。 ( )
9. 变形监测网与一般的工程控制网相比,具有较高的精度和灵敏度。 ( )
10. 观测目标离测站越近,对中误差产生的角度测量误差越小。 ( )
11. 支导线需要进行往返观测。 ( )
12. 竖直角观测精度是影响三角高程测量精度的主要原因。 ( )
13. 相对定位就是在 WGS - 84 椭球坐标系统中,确定待测点与某已知参考点之间的相对位置。 ( )
14. 工程控制网的点位中误差、边长相对中误差可以作为衡量控制网的精度指标。 ( )
15. 所谓极坐标法,就是通过测设一个角和一段距离来完成点平面位置测设。 ( )

16. 前方交会法实施监测要求两测站点位置在观测周期中保持不变。

(　　)

17. 正、倒垂线都可用于大坝挠度测量。(　　)

18. 一个完整的真空激光准直系统应包括激光发射端和接收端的位移监测部分。(　　)

19. 二等高程控制网可以采用光电测距三角高程测量替代水准测量。

(　　)

20. TC2003 全站仪在电子测角中,采用动态角度扫描系统。(　　)

21. 引张线要求两个端点稳定,否则要对成果进行改正。(　　)

22. 金属设备安装测量各项精度指标,一般比土建工程高一个数量级。

(　　)

23. 控制网的精度越高,可靠性就越高。(　　)

24. GPS 绝对定位精度高于相对定位精度。(　　)

25. GPS 观测过程中根据需要,可以将接收机关闭后再重新启动。(　　)

26. 水准尺的零点误差,可通过设立奇数个测站数的方法,予以消除或减弱。(　　)

27. 导线坐标测量中 X 坐标增量闭合差按与距离成正比反号分配。(　　)

28. GPS RTK 进行建筑物基础放样能满足精度需要。(　　)

29. 变形监测中采用光电准直测量方法,数据可靠性比传统机械准直要高。(　　)

30. 质量检测原则上应采用与施工测量不同的人员、仪器、控制点和观测方法。(　　)

二、单项选择题(每题只有一个答案是正确的,将正确答案的序号填在括号内;每题 1 分,共 40 分)

1. 我国目前采用的高程基准是(　　)。

A. 高斯平面直角坐标　　B. 1980 年国家大地坐标系

C. 黄海高程系统　　D. 1985 年国家高程基准

2. 在进行水准测量时,读数误差属于(　　)。

A. 系统误差　　B. 偶然误差　　C. 粗差　　D. 相对误差

3. 高斯投影是保持(　　)不变的投影。

A. 角度　　B. 面积　　C. 长度　　D. 形状

4. 在三角高程测量中,采用对向观测可以消除(　　)。

A. 视差的影响　　B. 视准轴误差

C. 地球曲率差和大气折光差　　D. 度盘刻划误差

5. 高差与水平距离之(　　)为坡度。

A. 和　　B. 差　　C. 比　　D. 积

6. 设在测站点的东南西北分别有 A、B、C、D 4 个标志,用全圆测回法观测水平角时,以 B 为零方向,则盘左的观测顺序为(　　)。

A. BCDAB　　B. CDABC　　C. CBADC　　D. BADCB

7. 设对某角观测一测回的观测中误差为 ±3″,现要使该角的观测结果精度达到 ±1.4″,则需观测(　　)个测回。

A. 2　　B. 3　　C. 4　　D. 5

8. 下列各种比例尺的地形图中,比例尺最大的是(　　)。

A. 1∶5 000　　B. 1∶2 000　　C. 1∶1 000　　D. 1∶500

9. 水准仪的(　　)轴是过零点的法线。

A. 横　　B. 圆水准器

C. 符合水准器　　D. 照准部水准管

10. 用测回法对某一角度观测 4 测回,第 3 测回的水平度盘起始位置的预定值应为(　　)。

A. 45°　　B. 90°　　C. 135°　　D. 180°

11. 设 M 点的高程为 1 021.0 m,MN 的水平距离为 50.0 m,M 点至 N 点的坡度为 +2%,则 N 点的高程为(　　)。

A. 1 020.0　　B. 1 021.0　　C. 1 022.0　　D. 1 023.0

12. 在 1∶500 比例尺测图时,具有实际意义的量距取位为(　　)。

A. 0.05 m　　B. 0.1 m　　C. 0.15 m　　D. 0.2 m

13. 用水准仪的望远镜瞄准标尺时,发现有视差,则其产生的原因是(　　)。

A. 观测员视力差　　B. 外界光线弱

C. 望远镜视准轴不水平　　D. 目标影像与十字平面不重合

14. 传统的大比例尺地形图测图法中的经纬仪测图法采用的主要原理是(　　)。

A. 直角坐标法　　B. 极坐标法

C. 角度交会法　　D. 距离交会法

15. 在一般水准测量中,望远镜放大倍数要求在(　　)倍以上。

A. 10　　B. 20　　C. 30　　D. 40

16. 坝体渗流压力观测横断面宜选在最大坝高处、合龙段、地形或地质条件复杂坝段,一般不得少于(　　)个,并尽量与变形、应力观测断面相结合。

A. 3　　B. 4　　C. 5　　D. 6

17. 选择坝渗流压力观测仪器时，当观测作用水头小于 20 m 的坝、渗透系数大于或等于 10^{-4} cm/s 的土、渗流压力变幅小的部位，监视防渗体裂缝等，宜采用（　　）。

A. 测压管　　B. 量水堰　　C. 振弦式孔隙水压力计

18. 坝基渗流压力观测横断面的选择，主要取决于地层结构、地质构造情况，断面数一般不少于（　　）个，并宜顺流线方向布置或与坝体渗流压力观测断面相重合。

A. 2　　B. 3　　C. 4　　D. 5

19. 表面变形观测横断面通常选在最大坝高或原河床处、合龙处、地形突变处、地质条件复杂处、坝内埋管及运行有异常处，一般不少于（　　）。

A. 2　　B. 3　　C. 4　　D. 5

20. 用水准仪观测表面竖向位移时，可参照国家三等水准测量方法进行，但闭合差不得大于（　　）（n 为测站数）。

A. $\pm 0.72\sqrt{n}$　　B. $\pm 0.98\sqrt{n}$　　C. $\pm 1.4\sqrt{n}$　　D. $\pm 1.6\sqrt{n}$

21. 起测基点的引测、校测，可参照国家二等水准测量方法进行，但闭合差不得大于（　　）（n 为测站数）。

A. $\pm 0.72\sqrt{n}$　　B. $\pm 0.98\sqrt{n}$　　C. $\pm 1.4\sqrt{n}$　　D. $\pm 1.6\sqrt{n}$

22. 当采用连通管观测表面竖向位移时，应平行测读两次，两次读数差不得大于（　　）。

A. 0.5 mm　　B. 1.0 mm　　C. 1.5 mm　　D. 2.0 mm

23. 布设 GPS 网时，应与施工平面控制网中的已有控制点（尤其是起算点）进行联测，联测点数不得少于（　　）个（中、小建筑物 GPS 控制网点联测数不少于 2 个），且最好能均匀分布于测区中。

A. 2　　B. 3　　C. 4　　D. 5

24. GPS 网的平差处理规定：基线概算中，起算点坐标的误差应保证在（　　）m 以内。

A. 10　　B. 15　　C. 20　　D. 25

25. 对高程放样中误差要求不超过 ±5 mm ~ ±10 mm 的部位，宜采用（　　）。

A. 光电测距三角高程测量法　　B. 水准测量法

C. 经纬仪测量法

26. 主体工程部位的基础轮廓放样点的平面点位限差为（　　）。

A. ±50　　B. ±100　　C. ±150　　D. ±200

27. 采用经纬仪替代水准仪进行土建工程高程放样时，放样点离高程控制点的距离不得大于（　　）。

A. 20 m　　B. 30 m　　C. 40 m　　D. 50 m

28. 高程控制测量的精度应满足：最末级高程控制点相对于首级高程控制点的高程中误差，对混凝土建筑物应不超过（　　）mm。

A. ±5　　B. ±10　　C. ±15　　D. ±20

29. 高程控制点的密度要求在每一个单项工程的部分至少有（　　）个高程。

A. 1　　B. 2　　C. 3　　D. 4

30. 控制网复测可根据情况，采用全网复测或局部网点复测的方式，复测的精度不宜（　　）建网时的精度。

A. 高于　　B. 低于

31. 围成汇水面积的边界线是（　　）。

A. 等高线　　B. 山脊线　　C. 山谷线　　D. 示坡线

32. 控制网的零类设计实际上是进行（　　）。

A. 基准设计　　B. 图形设计

C. 观测精度设计　　D. 已有网的改进

33. A、B 两点的坐标分别为 $X_A = 100.00$ m，$Y_A = 150.00$ m；$X_B = 150.00$ m，$Y_B = 200.00$ m。BA 的坐标方位角 α_{BA} 等于（　　）。

A. 45°　　B. 135°　　C. 225°　　D. 315°

34. 在导线测量中，导线全长闭合差 f_D 的产生原因为（　　）。

A. 水平角测量误差　　B. 边长测量误差

C. 水平角与边长测量均有误差　　D. 坐标增量计算误差

35. 同一坡度两个地形点的高程分别为 20.4 m 和 27.3 m，若等高距为 2 m，则通过两点间的等高线的高程应含有（　　）。

A. 23.4 m，25.4 m　　B. 22.4 m，24.4 m，26.4 m

C. 21 m，23 m，25 m，27 m　　D. 22 m，24 m，26 m

36. 在水准测量中，水准仪架设在两标尺中间，可以消除或削弱的误差是（　　）。

A. 仪器升降误差　　B. 标尺零点误差

C. 视差　　D. i 角误差

37. 深埋双金属管标属于（　　）。

A. 高程控制点　　B. 平面控制点

C. 变形目标点　　D. 温度计

38. 洞室开挖工程中的地面控制测量一般需要在各洞口或竖井布置(   )个基准点。

A. 1　　B. 1 ~ 2　　C. 2 ~ 3　　D. 4

39. 当施工控制点误差的影响，在数值上最大小于点位总误差的(   )时，他对细部点的影响可以忽略不计。

A. 10% ~ 20%　　B. 20% ~ 30%

C. 30% ~ 40%　　D. 40% ~ 50%

40. 现有两段直线距离，一段为 S_{AB} = 100 m ± 10 mm，另一段为 S_{CD} = 200 m ± 10 mm，则两段直线距离(   )。

A. 中误差相同，精度不相同　　B. 中误差不相同，精度相同

C. 中误差相同，精度相同　　D. 中误差不相同，精度不相同

三、多项选择题(每题有两个或两个以上正确答案，将正确答案的序号填在括号内；每题 2 分，共 80 分，错选或多选本题不得分；少选，但选择正确的每个选项得 0.5 分)

1. 我国水利工程建设项目实行(   )相结合的质量管理体制。

A. 项目法人负责　　B. 监理单位控制

C. 施工单位保证　　D. 政府监督

2. 控制测量可分为(   )。

A. 平面控制测量　B. 高程控制测量　C. 水准测量　D. GPS 测量

3. GPS 测量误差大体可以分为(   )。

A. GPS 卫星的误差　　B. GPS 卫星信号传播误差

C. GPS 接收机的误差　　D. GPS 高程

4. 按水准路线的布设形式，单一水准路线分为(   )。

A. 附合水准路线　　B. 闭合水准路线

C. 交会水准路线　　D. 支线水准路线

5. 导线平差计算中，(   )应满足规范要求。

A. 方位角闭合差　　B. 支线测量差

C. 点位中误差　　D. 边长相对误差

6. 施工测量是水利工程建设阶段为建筑安装施工实施的测量工作的总称，包括(   )。

A. 施工控制　　B. 施工放样

C. 设备安装定位　　D. 竣工测量

7. 水利工程施工控制网的布设，一般应遵循的原则有（　　）。

A. 分级布网、逐级控制　　B. 要有足够的精度和密度

C. 要有统一的规格　　D. 控制点尽量与控制网点共标

8. 衡量精度的指标包括（　　）。

A. 方差　　B. 中误差　　C. 平均误差　　D. 极限误差

9. 洞室施工测量使用的主要测量仪器有（　　）。

A. 经纬仪、水准仪　　B. 陀螺经纬仪、激光指向仪

C. 全站仪　　D. 视准仪

10. 控制网优化设计机助设计法的优点是（　　）。

A. 适应性强　　B. 设计结果合理

C. 具有可行性　　D. 便于操作与使用

11. 高程控制测量的主要方法有（　　）。

A. 水准测量　　B. 三角高程测量

C. GPS 高程测量　　D. 导线测量

12. 混凝土坝体通常采用（　　）等进行位移监测，包括缝开合度及剪切错位变形。

A. 测斜仪　　B. 单向及多向测缝计

C. 分层沉降仪　　D. 裂缝计

13. 内部变形监测是安全监测工作中的重要组成部分，由于其监测成果（　　），因此通常作为工程安全稳定性评价的重要依据之一。

A. 直观　　B. 集中　　C. 可靠　　D. 分析简便

14. 地下洞室围岩的位移主要受（　　）两种因素的影响。

A. 温度　　B. 空间效应　　C. 时间效应　　D. 裂缝

15. 土石坝沉降监测中，常见的各类分层沉降仪有（　　）。

A. 弦式沉降仪　　B. 水管式沉降仪

C. 电磁式沉降仪　　D. 干簧管式沉降仪

16. 对于坝基（肩）、边坡、地下洞室等岩石工程内部及深层的水平、垂直及任意方向的位移，洞室围岩表面收敛变形，以及基础和结构物等倾斜变形，通常采用的监测仪器有（　　）。

A. 测斜仪　　B. 多点位移计

C. 滑动测微计　　D. 基岩变形计

17. 差阻式系列应变计主要由（　　）等主要部分构成。

A. 电阻感应组件　B. 电缆　　C. 外壳　　D. 引出电缆密封

18. 对于渗流量观测,下列说法(　　)是正确的。

A. 当流量小于 10 L/s 时采用容积法观测

B. 当流量小于 1 L/s 时采用容积法观测

C. 当流量为 1 ~ 300 L/s 时采用量水堰法

D. 当流量为 10 ~ 300 L/s 时采用量水堰法

19. 下列说法(　　)是正确的。

A. 渗压计在埋设前必须进行室内检验率定,合格后方可使用

B. 按设计要求接长电缆(或仪器出厂前按设计要求长度定制电缆),做好电缆接头的密封处理,并作绝缘度检验

C. 安装前需将渗压计在水中浸泡 12 h,使其达到饱和状态

D. 在土石坝坝基表面埋设渗压计,可采用坑式埋设法

20. 下列(　　)是锚索测力计的组成部分。

A. 承重筒　　B. 锚具　　C. 敏感部件　　D. 密封组件

21. 下列关于混凝土应变的说法(　　)是正确的。

A. 混凝土应变包括应力应变和无应力应变

B. 应力应变分为应力引起的瞬时应变及徐变应变

C. 无应力应变分为温度变化引起的应变、湿度变化引起的应变

D. 混凝土应变的主要影响因素分为材料因素、结构因素及荷载因素

22. 为进行应变计组应力计算,应变计组测值应满足(　　)条件。

A. 面温度　　B. 点温度　　C. 点应力　　D. 面应力

23. 下列说法(　　)是正确的。

A. 固定测斜仪分为垂向和水平向

B. 固定测斜仪一般布置在已确定或预料有明显滑动或位移发生的区域

C. 固定测斜仪的工作原理和滑动式测斜仪完全不同

D. 固定测斜仪的传感器类型可为伺服加速度计式、电解液式、振弦式等

24. 常用的资料初步分析方法包括(　　)。

A. 绘制测值过程线　　B. 绘制测值分布图

C. 绘制相关图　　D. 建立统计回归模型

25. 对建筑物产生的裂缝或库岸边坡裂缝进行(　　)监测。

A. 位置　　B. 长度　　C. 宽度　　D. 深度

26. 平面控制网可采用(　　)观测。

A. 测边网　　B. 测角网　　C. 边角网　　D. GPS 网

27. 外部变形监测专用仪器主要是针对(　　)等专用装置配置的测读设备。

A. 倒垂线　B. 引张线　C. 正垂线　D. 视准线

28. 垂直位移观测常用的方法有(　　)。

A. 几何水准测量法　B. 三角高程测量法

C. 液体静力水准法　D. 精密导线法

29. 引张线法测量装置由(　　)组成。

A. 测点部分　B. 线体

C. 张紧端点部分　D. 保护部分

30. 地下洞室外部变形监测的重点一般是(　　)。

A. 水平位移　B. 收敛变化　C. 垂直位移　D. 沉降变化

31. 可用于直接测量或放样坐标的测量仪器是(　　)。

A. GPS 接收机　B. 垂线坐标仪　C. 全站仪

D. 水准仪　E. 三维激光扫描系统

32. 初测导线成果进行两化改正,指的是(　　)。

A. 把导线坐标增量总和先改化到参考椭球面,再改化到高斯平面上

B. 把导线坐标增量总和先改化到高斯平面,再改化到参考椭球面上

C. 把导线坐标增量总和先改化到水平面,再改化到高斯平面上

D. 把导线坐标增量总和先改化到高斯平面,再改化到水平面上

33. 对线路起控制作用的线路控制桩有(　　)。

A. 直线转点桩　B. 交点桩

C. 曲线主点桩　D. 导线点

34. 在定测中桩高程测量中,必须作为转点的桩为(　　)。

A. 百米桩　B. 加桩　C. 直线转点　D. 曲线起终点

35. 工程控制网一般都是将平面控制和高程控制分开进行的,这样做的主要目的在于(　　)。

A. 两者精度不匹配　B. 减少工作量,便于测量和计算

36. 在一幅地形图上等高距相等,平距与坡度的关系是(　　)。

A. 平距越小,坡度越缓　B. 平距越大,坡度越缓

C. 平距越小,坡度越陡　D. 平距越大,坡度越陡

E. 平距相等,坡度相同

37. 水准测量中,对一测站的检核可采用(　　)。

A. 变动仪器高法　B. 方向观测法　C. 双面尺法　D. 测回法

38. 导线测量的外业工作有(　　)。

A. 踏勘选点　　B. 测量水平角

C. 测量导线边长　　D. 连测

39. 已知 P 点的高斯平面直角坐标为 $x_p = 32\ 760$ m, $y_p = 19\ 438\ 000$ m,则该点所在的六度带的代号和其离该带中央子午线的距离分别为(　　)。

A. 32 带　　B. 19 带　　C. 438 km

D. 760 m　　E. 62 km

40. 在大坝安全监测中,2 级大坝工程必须监测的项目包括(　　)。

A. 坝体变形　　B. 渗流量

C. 应力和应变　　D. 扬压力

量测(二)

满分:150分

一、判断题(30小题,每小题1分,共30分。下列各题,你认为正确的,请在题后的括号内打"√",错的打"×")

1. 测量中的偶然误差是无法避免的。 (　　)
2. 所有系统误差都可以通过多次观测取均值的方法得到消除。 (　　)
3. 水利枢纽工程施工控制网设计时,通常将坝轴线作为施工控制网的一条边。 (　　)
4. 水利工程测量可根据实际需要重新选择投影带和投影面。 (　　)
5. 只要用同一台全站仪测量边长,那么每条边长的精度就是相同的。 (　　)
6. 可以采用一测回观测的方法消除全站仪垂直轴倾斜误差对方向观测值的影响。 (　　)
7. 采取偶数站进行一测段水准路线测量可以消除水准标尺零点差的影响。 (　　)
8. 导线点的纵向误差主要是由水平角的观测误差引起的。 (　　)
9. GPS网基线解算时,不管控制点间距的大小,都可以采用GPS随机软件进行解算。 (　　)
10. 因为GPS测量不需要点间通视,所以GPS点的选埋不受地形条件的限制。 (　　)
11. 因为GPS测量不需要点间通视,所以GPS测量不存在偏心观测的问题。 (　　)
12. 施工放样的基本内容包括平面位置放样和高程放样。 (　　)
13. 水利工程施工放样的精度要求都很高,所以高程放样只能采用水准测量方法。 (　　)
14. 水工建筑物过流部位(如溢洪道)的形体测量是竣工测量的重要内容之一。 (　　)
15. 水工建筑物施工结束了,其变形也就停止了。 (　　)
16. 对于水利工程变形监测,巡视检查应包括对监测设施的检查。 (　　)

17. 变形监测控制网比一般的施工控制网有更高的精度要求。（　　）

18. 因为存在多余观测，所以边角交会法一定比极坐标法的监测精度高。（　　）

19. 采用观测墩作为变形监测的标志形式主要是为了保持标志的稳定性。（　　）

20. 视准线布设时应考虑大气折光的影响。（　　）

21. 使用双金属标不需测温度，只需要测量两标志头的高差，对标志高程进行温度改正。（　　）

22. 变形监测的目的是为了评定监测精度。（　　）

23. 建筑物基础的倾斜监测可以通过沉降监测来实现。（　　）

24. 平置构件的挠度监测可以通过沉降监测来实现。（　　）

25. 布设滑坡的外部变形监测点时，滑坡范围外较为稳定的部位不需要布设监测点。（　　）

26. 高边坡稳定监测点宜呈断面形式均匀地布设在不同的高程面上。（　　）

27. 分布式光纤可用于变形监测领域，但不能用于温度的监测。（　　）

28. 渗流监测时，所有集水和量水的设施都应避免客水的干扰。（　　）

29. 施工期进行应力应变监测的一个重要作用是寻求最大应力的位置、大小和方向。（　　）

30. 变形分析与预报的模型本身没有好坏之分，适用的才是好的。（　　）

二、单项选择题（40 小题，每小题 1 分，共 40 分。每小题列出的 4 个备选项中只有 1 个是正确的，请将其代码填写在题后的括号内。未选、错选、多选均无分）

1. 平面控制网平差时，若取 2 个及以上国家点坐标作为已知数据，其平差成果属于（　　）。

A. 工程坐标系　　B. 国家坐标系

C. 独立坐标系　　D. 没法区分

2. 国家平面控制网数据处理依据的基准面是（　　）。

A. 大地水准面　　B. 水准面

C. 任意投影面　　D. 参考椭球面

3. 平面控制网平差时，若采用任意投影带或投影面，其平差成果属于（　　）。

A. 工程坐标系　　B. 独立坐标系

C. 国家坐标系　　D. 没法区分

4. 我国规定采用(　　)作为我国高程的统一系统。

A. 正高高程系统　　B. 近似正高高程系统

C. 正常高高程系统　　D. 力高高程系统

5. GPS 的坐标系统是(　　)。

A. 参心坐标系　　B. 1980 年国家大地坐标系

C. 1954 年北京坐标系　　D. WGS－84 坐标系

6. GPS 观测时,不需要(　　)。

A. 对中　　B. 整平

C. 照准目标　　D. 量取天线高

7. GPS 网的同步观测是指(　　)。

A. 采用同一品牌和型号的接收机进行观测

B. 两台及以上的接收机同时对同一组卫星进行的观测

C. 两台及以上的接收机不同时刻所进行的观测

D. 一台接收机所进行的两个以上时段的观测

8. GPS 网在设计和测量时,网中最小异步环的边数应不大于(　　)条。

A. 6　　B. 5　　C. 4　　D. 3

9. 用 N 台 GPS 接收机观测的同步环中,有(　　)条基线是独立基线。

A. N－1　　B. N－2

C. N(N－1)　　D. N(N－1)/2

10. GPS 测量得到的高程是(　　)。

A. 正高　　B. 正常高　　C. 任意高　　D. 大地高

11. GPS 平面控制网经过二维约束平差后,控制点的坐标是(　　)。

A. 与已知点坐标系统一致的坐标

B. 1954 年北京坐标系的坐标

C. 1980 年国家大地坐标系的坐标

D. WGS－84 坐标系的坐标

12. GPS 的测量精度受多种因素的影响,但下述中的(　　)不是影响因素。

A. 系统本身的误差　　B. 照准误差

C. 信号传播误差　　D. 接收和观测中的误差

13. 用 2″级的全站仪进行水平角观测,计算一测回不同方向的 $2c$ 值分别为－4″、4″、13″、6″、－2″,$2c$ 互差(　　)。

A. 全部超限　　B. 全部不超限

C. 有 2 个不超限　　D. 有 2 个超限

14. 全站仪导线测量时，角度和边长的测回数根据(　　)确定。

A. 边长的长短　　B. 导线网的等级

C. 导线网的大小　　D. 导线点的多少

15. 导线网的最弱边是指(　　)。

A. 边长最长的边　　B. 边长最短的边

C. 边长中误差最大的边　　D. 边长相对中误差最大的边

16. 一条附合导线全长 1 696. 836 m，纵、横坐标增量闭合差分别为 -0. 200 m、0. 200 m，则导线全长相对闭合差为(　　)。

A. 1/1 200　　B. 1/3 000　　C. 1/6 000　　D. 1/8 400

17. 二等水准测量的前后视距差和前后视距累积差分别不应超过(　　)。

A. 0. 5 m 和 1. 5 m　　B. 1 m 和 3 m

C. 3 m 和 5 m　　D. 2 m 和 4 m

18. 水准测量中，使前后视距尽量相等，可以减弱水准仪(　　)对所测高差的影响。

A. 照准误差　　B. 估读误差　　C. i 角误差　　D. 偶然误差

19. 对一条支水准路线 AP 进行往返测，往测高差为 -0. 643 m，返测高差为 +0. 637 m，已知 $H_A = 5.123$ m，则 $H_P =$ (　　)。

A. 4. 480 m　　B. 5. 760 m　　C. 4. 483 m　　D. 5. 763 m

20. 对向电磁波测距三角高程测量可以减弱和消除(　　)的影响。

A. 仪器整平误差　　B. 大气折光误差

C. 视准轴误差　　D. 水平轴误差

21. 目标的照准误差属于(　　)。

A. 偶然误差　　B. 系统误差　　C. 粗差　　D. 中误差

22. 在 A 点安置全站仪，以 B 点作为后视点，采用极坐标法测量 P 点的坐标。已知 A 点的坐标为 $x_A = 100.000$ m、$y_A = 200.000$ m，AB 的坐标方位角 α_{AB} 为 24°，测得水平角 $\angle BAP = 36°$，水平距离 $D_{AP} = 200.000$ m，取 $\sqrt{3} = 1.732$，则 P 点的坐标为(　　)。

A. 273. 200 m、200. 000 m　　B. 200. 000 m、373. 200 m

C. 150. 000 m、273. 200 m　　D. 200. 000 m、273. 000 m

23. 在 A 点安置全站仪，以 B 点作为后视点，采用极坐标法进行 P 点的施工放样。已知 A 点的坐标为 $x_A = 200.000$ m、$y_A = 400.000$ m，P 点的坐标为 $x_P = 100.000$ m、$y_P = 500.000$ m，AB 的坐标方位角 α_{AB} 为 15°，取 $\sqrt{2} = 1.414$，则

P 点的放样元素为(　　)。

A. 330°、141.400 m　　B. 240°、141.400 m

C. 150°、141.400 m　　D. 60°、141.400 m

24. 地下导线是洞室开挖工程常用的施工测量方法，当导线超过一定的长度时，采用陀螺仪测定地下导线方位角，可以对导线的(　　)进行控制。

A. 方位　B. 坐标　C. 高程　D. 以上 3 个

25. 施工控制网一般是用来放样土建工程的中心线及其连接轴线的，对于精度要求较高的金属结构与机电设备安装测量，可以采用(　　)。

A. 原施工控制网

B. 与安装工程轴线关系一致的独立控制网

C. 原施工控制网的加密控制网

D. 国家控制网的加密控制网

26. 工程外部变形监测中，离变形区较近但相对稳定的点被称为(　　)。

A. 标志点　B. 变形点　C. 工作基点　D. 基准点

27. 对工程建筑物变形监测，下列说法不正确的是(　　)。

A. 基准点应远离变形区　　B. 测点应离开变形体

C. 监测仪器应定期检校　　D. 监测周期应相对固定

28. 在确定变形监测的精度时，普遍认为监测的中误差应(　　)。

A. 小于允许变形值　　B. 小于允许变形值的 1/2

C. 小于允许变形值的 1/8 ~ 1/5　　D. 小于允许变形值的 1/20 ~ 1/10

29. 采用单向测距三角高程测量进行垂直位移监测，要解决的关键问题是如何(　　)。

A. 测量距离　　B. 量取仪器高

C. 量取目标高　　D. 确定大气垂直折光系数

30. 采用全站仪 TCA2003(标称精度：0.5″、1 mm + 1 mm10^{-6} × D)极坐标法进行某测点的水平位移监测，设 $m_\beta = 1.0''$、$m_s = 1$ mm + 1 mm$10^{-6} \times D$，ρ = 206 265，若不考虑已知点误差的影响，当距离为 400 m 时，测点的点位中误差为(　　)。

A. ±1.89 mm　B. ±2.39 mm　C. ±2.56 mm　D. ±0.86 mm

31. 采用视准线监测水平位移时，下列说法正确的是(　　)。

A. 视准线长度一般不超过 300 m，否则应分段观测

B. 视准线的重要作用是提供一条方向线，对视准线两端基点的高差没有要求

C. 视准线离开障碍物的距离大小对位移监测精度没有影响

D. 视准线测量对两端基点的稳定性没有要求

32. 采用有浮托的引张线监测水平位移时,下列说法正确的是(　　)。

A. 对两端基点的稳定性没有要求 B. 对两端基点的高差没有要求

C. 设法减小引张线的抗拉强度　D. 设法减小引张线的复位误差

33. 采用真空激光准直系统监测水平位移时,下列说法不正确的是(　　)。

A. 真空激光准直系统分为激光准直系统和真空管道系统

B. 通过接收靶探测器的读数计算测点的位移

C. 不要求激光器点光源、波带板中心、接收靶中心的高程基本相同

D. 要求管内达到一定的真空度

34. 对滑坡体外部变形监测,下列说法不正确的是(　　)。

A. 不管滑坡体上有无永久性建筑物,都采用相同的监测精度

B. 按主要滑动方向确定测线和布设测点

C. 高滑坡体上的测点尽量采用固定标志,做到无人立标

D. 裂缝测点布设在裂缝的两侧

35. 依据监测点的变形过程线,(　　)。

A. 可以直观认识监测点的变形过程

B. 可以分析作用因素与变形结果之间的内在联系

C. 可以进行变形量的预报

D. 可以对建筑物的安全性进行评价

36. 正垂线不能用于工程建筑物的(　　)监测。

A. 水平位移　B. 垂直位移　C. 挠度　D. 倾斜

37. 倒垂线观测前应进行有关检查,下列说法不正确的是(　　)。

A. 检查钢丝的长度有无变化　B. 检查钢丝是否有足够的张力

C. 检查浮体是否与桶壁接触　D. 检查坐标仪的零位值

38. 采用滑动式垂向测斜仪监测分层水平位移,对测斜管埋设,下列说法不正确的是(　　)。

A. 测斜管应竖向埋设

B. 测斜管埋设深度应超过最深变形带

C. 测斜管导槽位置应与预计位移的方向一致

D. 测斜管顶部应与地表在同一高程面上

39. 下列选项中，不是用于渗流监测的仪器设备是(　　)。

A. 渗压计　　B. 测压管　　C. 测缝计　　D. 量水堰

40. 下列选项中，能用于钢筋混凝土结构物内部钢筋应力测量的仪器设备是(　　)。

A. 测压管　　B. 钢筋计　　C. 测缝计　　D. 裂缝计

三、多项选择题(每题有两个或两个以上正确答案，将正确答案的序号填在括号内；每题 2 分，共 80 分，错选或多选本题不得分；少选，但选择正确的每个选项得 0.5 分)

1. 工程控制网包括(　　)。

A. 测图控制网　　B. 施工控制网

C. 变形监测控制网　　D. 国家基本控制网

2. 目前，工程高程控制网主要采用(　　)的布设形式。

A. 边角网　　B. 导线网

C. 测距三角高程网　　D. 水准网

3. GPS 控制点位置选择时，应(　　)。

A. 注意减弱旁折光的影响　　B. 注意减弱多路径效应的影响

C. 选择对天空开阔的地方　　D. 便于长期保存

4. GPS 控制测量时，应在每个控制点上按要求输入(　　)等信息。

A. 点名　　B. 时段号　　C. 高度角　　D. 数据文件名

5. GPS 测量过程中，(　　)。

A. 不准改变卫星高度角的限值

B. 不准查看观测卫星的数量

C. 不准将接收机随意关闭和重新启动

D. 不准查看实时定位情况

6. GPS 基线解算结果的质量检查包括(　　)。

A. 角度闭合差　　B. 重复基线闭合差

C. 同步环闭合差　　D. 异步环闭合差

7. GPS 控制网的基准设计包括(　　)。

A. 位置基准设计　　B. 基线基准设计

C. 尺度基准设计　　D. 方位基准设计

8. 平面控制点的加密可以采用(　　)方法。

A. 边角交会　　B. 边长交会　　C. 导线测量　　D. GPS 测量

9. 同步图形扩展是 GPS 测量常用的布网方式，有(　　)等几种连接方式。

A. 点连　　B. 边连　　C. 网连　　D. 混连

10. 下列误差中，(　　)为系统误差。

A. 水准标尺照准误差　　B. 水准标尺估读误差

C. 水准标尺零点误差　　D. 水准标尺每米真长误差

11. 采用全站仪以方向观测法观测水平角，测站的限差要求有(　　)。

A. 一测回归零差

B. $2c$ 互差

C. 不同测回所测的同一方向值之差

D. 角度闭合差

12. 精密水准测量中，测站的限差要求有(　　)。

A. 前后视距差　　B. 前后视距累积差

C. 基辅分划读数差　　D. 基辅分划所测高差之差

13. 利用全站仪测量边长，应考虑(　　)对所测边长的改正。

A. 温度　　B. 气压

C. 仪器对中误差　　D. 仪器加、乘常数

14. 对于一般的开挖工程，施工测量的内容应包括(　　)。

A. 开挖区的原始地形测量和断面测量

B. 开挖轮廓线的放样

C. 开挖竣工的地形测量和断面测量

D. 工程费用的计算

15. 对于地下洞室开挖工程，施工测量的内容应包括(　　)。

A. 地上、地下控制测量　　B. 地上、地下联系测量

C. 开挖中的施工放样　　D. 测绘洞室断面

16. 对于金属结构与机电设备安装测量，下列表述正确的是(　　)。

A. 安装点的放样以安装轴线为基准

B. 应采用与土建工程相同的施工测量精度

C. 对放样的安装点采用不同的方法进行检查

D. 对构成一定几何图形的安装测点，应检查它们与非直接量测点之间的关系

17. 为保证垂直构件安装的垂直度，安装中可采用(　　)进行铅锤投点和检查。

A. 重锤投点法　　B. 光学投点仪投点法

C. 激光投点仪投点法　　D. 全站仪投点法

18. 检测水工建筑物轮廓点的平面位置时，可根据现场情况和精度要求选择(　　)。

A. 极坐标法　　B. 测边交会法

C. 边角交会法　　D. GPS RTK 法

19. 对立模浇筑的混凝土水工建筑物，应对基础块的放样进行检测，要求(　　)。

A. 检查放样资料

B. 采用不同于施工放样的方法进行现场检测

C. 检测精度不低于放样精度

D. 放样值与检测值之差不大于$\sqrt{2}$倍的放样中误差

20. 制定变形监测方案时，至少应(　　)。

A. 确定监测精度　　B. 确定监测仪器和方法

C. 确定监测周期　　D. 确定变形预报模型

21. 确定变形监测的精度时要考虑(　　)。

A. 变形监测的仪器　　B. 变形监测的方法

C. 变形监测的目的　　D. 允许变形值的大小

22. 采用极坐标法进行水平位移监测，分析测点的点位精度时应考虑(　　)。

A. 仪器对中误差　　B. 角度测量误差

C. 距离测量误差　　D. 目标对中误差

23. 采用边角交会法进行水平位移监测，要提高监测精度应注意(　　)。

A. 缩短基线长度　　B. 选择好的交会图形

C. 提高测角精度　　D. 提高测边精度

24. 下列方法中，可用于工程外部垂直位移监测的方法有(　　)。

A. 水准测量　　B. 测距三角高程测量

C. 沉降仪测量　　D. 液体静力水准测量

25. 统计模型是利用和分析变形监测资料的常用模型，它是(　　)。

A. 需要少量数据就可以准确建立的模型

B. 可以描述变形与变形作用因子之间关系的模型

C. 可以对变形原因进行解释的模型

D. 可以用于变形预报的模型

26. 液体静力水准仪安装和测量时，应注意(　　)。

A. 测定两容器的零位差

B. 保持安置仪器的接触面清洁

C. 不要将空气带入连通管

D. 使两容器所处的环境温度一致，选择气温稳定的时段观测

27. 滑坡体的变形监测内容包括(　　)等。

A. 地表位移　　B. 地下位移

C. 水文变化，如库水位　　D. 环境因素，如降雨量

28. 对滑坡体外部水平位移监测，规范对变形的符号有规定，如(　　)。

A. 向坡下、向左岸为正　　B. 向坡上、向右岸为负

C. 向坡下、向左岸为负　　D. 向坡上、向右岸为正

29. 裂缝监测包括监测裂缝(　　)的大小及其变化。

A. 长度　　B. 宽度　　C. 深度　　D. 错距

30. 倒垂线常用作变形监测的基准线，主要用于(　　)。

A. 水平位移监测　　B. 垂直位移监测

C. 挠度监测　　D. 裂缝监测

31. 变形预警值是一个定量指标，确定预警值时要考虑(　　)。

A. 工程设计的预估值　　B. 现行有关规范规程的规定值

C. 本地区工程的经验类比值　　D. 特定保护对象的变形允许值

32. 采用沉降仪进行测点的分层沉降监测，下列说法正确的是(　　)。

A. 不要选择与分层位移监测相同的监测部位

B. 不要与分层位移监测联合进行

C. 沉降管和沉降环应竖向埋设，沉降环与变形体应密切结合

D. 对电磁式沉降仪，测量时应将磁性探头缓慢下放到预埋的沉降环

33. 测(裂)缝计可用于(　　)的开合度、位错等监测。

A. 混凝土坝体或面板接缝　　B. 混凝土坝体与基岩界面接缝

C. 堆石坝面板周边缝　　D. 混凝土内部开裂缝

34. 差动电阻式温度计是大坝常用的温度监测仪器，下列说法不正确的是(　　)。

A. 能用于气温监测　　B. 能用于坝体温度监测

C. 不能用于水温监测　　D. 不能用于坝基温度监测

35. 下列选项中，用于应力应变监测的仪器设备是(　　)。

A. 应力计　　B. 应变计　　C. 测缝计　　D. 锚索测力计

36. 应变计是应力应变监测的主要仪器，其安装埋设方法可归纳为(　　)。

A. 绑扎埋设　B. 预制埋设　C. 凿槽埋设　D. 钻孔埋设

37. 渗流监测时，根据渗流量的大小和汇集条件，可采用(　　)。

A. 面积法　B. 容积法　C. 量水堰法　D. 测流速法

38. 量水堰是渗流监测的一种方法，量水堰的设置和安装应符合(　　)。

A. 量水堰应设在排水沟直线段的堰槽内

B. 堰板应与堰槽两侧墙和来水流向垂直

C. 堰口水流形态应为自由式

D. 测读堰上水头的水尺或水位计应设在堰板上游 3 倍以上堰口水头处

39. 监测资料的整理包括(　　)。

A. 检查与检验监测数据

B. 计算各种物理量

C. 填写监测成果表，绘制有关效应量与环境量的关系图

D. 确定效应量的预报模型

40. 研究和确定建筑物的安全监控指标时，应选择对建筑物安全有重要影响的研究对象。对混凝土大坝，研究并确定(　　)的安全监控指标非常重要。

A. 变形　B. 坝基扬压力　C. 渗流量　D. 应力

参 考 答 案

质量检测基础知识(一)

一、判断题

1	2	3	4	5	6	7	8	9	10	11	12	13	14	15
√	×	√	×	×	×	√	×	×	×	√	√	√	√	√
16	17	18	19	20	21	22	23	24	25	26	27	28	29	30
×	√	×	×	√	×	×	√	×	√	√	×	√	×	×

二、单项选择题

1	2	3	4	5	6	7	8	9	10	11	12	13	14	15
B	D	D	B	B	C	B	C	C	C	C	A	B	A	A
16	17	18	19	20	21	22	23	24	25	26	27	28	29	30
C	A	C	B	B	C	C	A	B	A	A	B	C	A	B

三、多项选择题

1	2	3	4	5	6	7	8	9	10	11	12	13	14	15
ABCD	ABC	ABC	ACD	AB	ABCD	ABCD	ABD	ABD	ABC	BCD	ABCD	ABC	BCD	AB
16	17	18	19	20	21	22	23	24	25	26	27	28	29	30
ABC	ABC	ABC	ACD	BD	ABC	AC	ABD	AB	BC	BCD	ABCD	BD	ABC	BCD

质量检测基础知识(二)

一、判断题

1	2	3	4	5	6	7	8	9	10	11	12	13	14	15
√	√	√	×	×	×	√	√	×	√	×	×	√	×	√
16	17	18	19	20	21	22	23	24	25	26	27	28	29	30
×	×	×	√	×	×	√	×	√	√	×	√	×	×	√

二、单项选择题

1	2	3	4	5	6	7	8	9	10	11	12	13	14	15
C	B	C	C	A	B	B	A	B	C	A	C	B	A	C
16	17	18	19	20	21	22	23	24	25	26	27	28	29	30
A	A	A	C	A	A	A	A	C	B	C	C	C	D	A

三、多项选择题

1	2	3	4	5	6	7	8	9	10	11	12	13	14	15
ABCD	CD	ABCD	ABC	ABC	BCD	ABD	ABC	ABD	ACD	ACD	AD	ABC	ACD	ABCD
16	17	18	19	20	21	22	23	24	25	26	27	28	29	30
ABCD	ACD	ABC	ABD	AD	ABC	BC	ABC	BCD	ABD	ABCD	BCD	ABCD	ABD	BCD

岩土工程(一)

一、判断题

1	2	3	4	5	6	7	8	9	10	11	12	13	14	15
×	√	×	×	√	√	×	×	×	√	√	×	√	√	×
16	17	18	19	20	21	22	23	24	25	26	27	28	29	30
√	√	×	×	×	×	×	×	√	√	√	×	×	√	√

二、单项选择题

1	2	3	4	5	6	7	8	9	10	11	12	13	14	15
D	A	C	B	A	B	B	D	C	B	A	B	C	A	B
16	17	18	19	20	21	22	23	24	25	26	27	28	29	30
B	C	B	A	B	C	A	A	C	B	B	C	B	C	B
31	32	33	34	35	36	37	38	39	40					
B	B	C	C	B	C	C	B	C	B					

三、多项选择题

1	2	3	4	5	6	7	8	9	10	11	12	13	14	15
AC	ABCD	AB	AB	ACD	AC	ACD	ABCD	BD	CD	BD	ABD	BC	BD	ABC
16	17	18	19	20	21	22	23	24	25	26	27	28	29	30
BCD	AB	BC	ACD	AD	AB	BC	ACD	ACD	AB	BC	BC	AC	ABC	BCD
31	32	33	34	35	36	37	38	39	40					
AC	AC	BC	ABC	ACE	ABD	ACD	ABC	BCD	AB					

岩土工程(二)

一、判断题

1	2	3	4	5	6	7	8	9	10	11	12	13	14	15
√	×	×	√	√	√	×	×	√	×	×	×	×	√	√
16	17	18	19	20	21	22	23	24	25	26	27	28	29	30
×	×	√	√	√	√	√	×	√	√	×	√	√	×	√

二、单项选择题

1	2	3	4	5	6	7	8	9	10	11	12	13	14	15
A	C	B	C	D	A	A	B	C	C	C	C	B	D	A
16	17	18	19	20	21	22	23	24	25	26	27	28	29	30
C	B	D	D	C	C	B	B	B	D	A	D	D	A	D
31	32	33	34	35	36	37	38	39	40					
D	A	A	D	B	C	A	B	B	A					

三、多项选择题

1	2	3	4	5	6	7	8	9	10	11	12	13	14	15
ABCD	ABC	AB	ABCD	ABCDE	ABC	ABC	ABCDE	ABC	ABCDE	BCE	ABCDE	ABC	AB	ABCDE
16	17	18	19	20	21	22	23	24	25	26	27	28	29	30
ABC	BC	ABCDE	ABCDE	ABCDE	ABC	ABC	ABCDE	ABCD	ABCDE	ABC	ABCD	ABCDE	ABCDE	ABCD
31	32	33	34	35	36	37	38	39	40					
CD	ABC	ABC	ABC	BCD	ABC	AB	CD	ABC	BCD					

岩土工程(三)

一、判断题

1	2	3	4	5	6	7	8	9	10	11	12	13	14	15
√	√	×	×	√	×	×	×	√	×	×	×	×	×	√
16	17	18	19	20	21	22	23	24	25	26	27	28	29	30
×	√	√	√	√	√	√	√	√	×	×	×	√	√	√

二、单项选择题

1	2	3	4	5	6	7	8	9	10	11	12	13	14	15
D	A	C	D	C	D	A	C	B	A	C	C	B	A	B
16	17	18	19	20	21	22	23	24	25	26	27	28	29	30
C	B	C	D	D	C	C	B	A	B	C	B	C	C	C
31	32	33	34	35	36	37	38	39	40					
C	A	A	B	D	B	B	B	B	B					

三、多项选择题

1	2	3	4	5	6	7	8	9	10	11	12	13	14	15
ABC	ACE	BCD	BD	BCD	ABC	AB	ABC	CD	ABC	ABC	BCD	ACD	ABD	BC
16	17	18	19	20	21	22	23	24	25	26	27	28	29	30
ACD	ACD	ABCD	CD	BC	ABC	ABD	BCD	ABE	BC	BC	AB	ABCD	AD	ABCD
31	32	33	34	35	36	37	38	39	40					
BD	ABCD	CD	AD	BC	ABCD	BCD	ABCD	ABC	ABC					

混凝土工程(一)

一、判断题

1	2	3	4	5	6	7	8	9	10	11	12	13	14	15
√	√	×	√	√	√	×	×	×	×	√	×	√	√	×
16	17	18	19	20	21	22	23	24	25	26	27	28	29	30
×	√	×	×	√	×	×	√	×	×	×	√	√	×	√

二、单项选择题

1	2	3	4	5	6	7	8	9	10	11	12	13	14	15
A	B	A	A	B	A	C	D	B	D	C	C	B	A	B
16	17	18	19	20	21	22	23	24	25	26	27	28	29	30
D	D	C	D	C	C	B	C	B	A	B	C	C	A	C
31	32	33	34	35	36	37	38	39	40					
A	A	A	B	A	B	C	A	A	A					

三、多项选择题

1	2	3	4	5	6	7	8	9	10	11	12	13	14	15
ABD	ACD	AD	AC	ABC	ABD	AC	ABD	ABD	ABCD	BC	ABCD	ABC	ABCD	AC
16	17	18	19	20	21	22	23	24	25	26	27	28	29	30
BC	AD	AB	ABC	ACD	BCD	AC	BCD	ABC	ABC	AC	ABCD	ABD	ABD	BD
31	32	33	34	35	36	37	38	39	40					
ABD	ABD	BCD	AD	BC	ABC	ABC	AD	ABD	ABC					

混凝土工程(二)

一、判断题

1	2	3	4	5	6	7	8	9	10	11	12	13	14	15
√	×	×	√	√	×	×	√	√	×	×	×	√	×	√
16	17	18	19	20	21	22	23	24	25	26	27	28	29	30
×	√	√	√	×	√	×	×	√	√	√	×	×	√	×

二、单项选择题

1	2	3	4	5	6	7	8	9	10	11	12	13	14	15
C	D	D	B	B	B	D	A	B	B	B	D	D	B	B
16	17	18	19	20	21	22	23	24	25	26	27	28	29	30
A	C	A	B	C	D	C	A	B	D	D	A	B	A	B
31	32	33	34	35	36	37	38	39	40					
B	A	B	C	D	B	A	B	C	B					

三、多项选择题

1	2	3	4	5	6	7	8	9	10	11	12	13	14	15
ABCD	AD	BC	ABCD	ABCD	ABCD	ABCD	ABCD	ABCD	ABC	AD	BC	ABCD	ABCD	AB
16	17	18	19	20	21	22	23	24	25	26	27	28	29	30
ABC	BC	DC	AB	ABCD	ABD	ABCDE	BD	ACD	ABC	ABC	ABCD	ABCD	ABD	ABC
31	32	33	34	35	36	37	38	39	40					
AC	AC	ABC	BC	AB	ABC	ABCD	ABC	ABC	ACD					

混凝土工程(三)

一、判断题

1	2	3	4	5	6	7	8	9	10	11	12	13	14	15
√	×	√	√	√	×	√	√	×	×	×	×	×	√	√
16	17	18	19	20	21	22	23	24	25	26	27	28	29	30
√	×	√	√	×	√	√	×	×	×	×	√	√	×	√

二、单项选择题

1	2	3	4	5	6	7	8	9	10	11	12	13	14	15
D	A	B	B	C	D	C	A	C	D	D	D	C	B	B
16	17	18	19	20	21	22	23	24	25	26	27	28	29	30
B	C	C	B	D	B	A	B	C	A	A	B	B	A	A
31	32	33	34	35	36	37	38	39	40					
B	D	A	B	D	C	B	D	D	C					

三、多项选择题

1	2	3	4	5	6	7	8	9	10	11	12	13	14	15
ABD	AC	ACD	ACD	ABC	CD	CD	AB	ABD	ABC	ACD	ABC	ABD	ABC	ABD
16	17	18	19	20	21	22	23	24	25	26	27	28	29	30
ABC	ABCD	AC	AC	ABD	ABD	DC	ABC	AB	ABC	ABCD	AC	BC	AB	ABC
31	32	33	34	35	36	37	38	39	40					
ABC	ACD	ABCD	ABC	AD	ABCD	ABC	ABC	ACD	ACD					

金属结构

一、判断题

1	2	3	4	5	6	7	8	9	10	11	12	13	14	15
×	×	√	√	×	×	×	√	√	√	×	×	×	×	×
16	17	18	19	20	21	22	23	24	25	26	27	28	29	30
√	×	×	√	×	×	×	×	√	√	×	×	√	√	×

二、单项选择题

1	2	3	4	5	6	7	8	9	10	11	12	13	14	15
A	C	B	A	B	A	B	C	A	A	A	B	A	A	C
16	17	18	19	20	21	22	23	24	25	26	27	28	29	30
B	B	A	A	C	B	C	A	A	C	C	A	B	B	C
31	32	33	34	35	36	37	38	39	40					
B	A	A	C	B	B	A	B	B	C					

三、多项选择题

1	2	3	4	5	6	7	8	9	10	11	12	13	14	15
ABCD	ABCD	ABCD	ABC	ABCD	BCD	ABCD	ABD	ACD	AB	ABCD	ABCD	BC	ABCD	AB
16	17	18	19	20	21	22	23	24	25	26	27	28	29	30
ABCD	ABD	ABD	ABCD	AB	ABC	ABC	ABCD	ABCD	ABD	ABCD	ABCD	ABD	ABCD	ABC
31	32	33	34	35	36	37	38	39	40					
AC	ABD	ABCD	ACD	AB	ABCD	ABC	ABCD	ABD	ABCD					

机械电气

一、判断题

1	2	3	4	5	6	7	8	9	10	11	12	13	14	15
×	×	√	×	×	×	√	×	√	×	×	√	×	×	√
16	17	18	19	20	21	22	23	24	25	26	27	28	29	30
√	×	√	√	√	√	×	×	√	×	×	√	√	×	√

二、单项选择题

1	2	3	4	5	6	7	8	9	10	11	12	13	14	15
C	B	B	A	A	B	D	A	C	A	D	B	A	C	B
16	17	18	19	20	21	22	23	24	25	26	27	28	29	30
A	A	C	C	D	A	C	B	B	B	A	B	D	C	B
31	32	33	34	35	36	37	38	39	40					
D	B	A	B	A	B	C	D	A	A					

三、多项选择题

1	2	3	4	5	6	7	8	9	10	11	12	13	14	15
AB	ABCD	ABCDE	ABC	ABCD	ABCD	ABCDE	AB	ABCD	AB	ABCD	ABCD	ABC	ABC	ABC
16	17	18	19	20	21	22	23	24	25	26	27	28	29	30
ABC	AB	ABC	ABC	AB	ABC	ABC	ABCD	ABC	AC	BCD	ABC	ABCD	AB	ABCDE
31	32	33	34	35	36	37	38	39	40					
ABCDEF	ABD	BD	ABCDE	AD	AB	BD	ABCD	BCD	ABC					

量测(一)

一、判断题

1	2	3	4	5	6	7	8	9	10	11	12	13	14	15
√	×	√	×	×	√	√	×	√	×	×	√	√	√	×
16	17	18	19	20	21	22	23	24	25	26	27	28	29	30
√	√	√	×	√	√	√	×	×	×	×	√	√	×	√

二、单项选择题

1	2	3	4	5	6	7	8	9	10	11	12	13	14	15
D	B	A	C	C	A	D	D	B	B	C	A	D	B	B
16	17	18	19	20	21	22	23	24	25	26	27	28	29	30
A	A	B	B	C	A	D	B	C	B	A	D	B	B	B
31	32	33	34	35	36	37	38	39	40					
B	A	C	C	D	D	A	C	D	A					

三、多项选择题

1	2	3	4	5	6	7	8	9	10	11	12	13	14	15
ABCD	AB	ABC	ABD	ACD	ABCD	ABC	ABCD	AC	ABCD	ABC	BD	ACD	BC	ABCD
16	17	18	19	20	21	22	23	24	25	26	27	28	29	30
ABCD	ACD	BC	ABD	ACD	ABD	BC	ABD	ABC	ABCD	ABCD	ABC	ABC	ABCD	BD
31	32	33	34	35	36	37	38	39	40					
ABCDE	A	ABC	CD	AB	BCE	AC	ABCD	BE	AB					

量测(二)

一、判断题

1	2	3	4	5	6	7	8	9	10	11	12	13	14	15
√	×	√	√	×	×	√	×	×	×	×	√	×	√	×
16	17	18	19	20	21	22	23	24	25	26	27	28	29	30
√	√	×	×	√	√	×	√	√	×	√	×	√	√	√

二、单项选择题

1	2	3	4	5	6	7	8	9	10	11	12	13	14	15
B	D	B	C	D	C	B	A	A	D	A	B	D	D	D
16	17	18	19	20	21	22	23	24	25	26	27	28	29	30
C	B	C	C	B	A	B	C	A	B	C	B	D	D	B
31	32	33	34	35	36	37	38	39	40					
A	D	C	A	A	B	A	D	C	B					

三、多项选择题

1	2	3	4	5	6	7	8	9	10	11	12	13	14	15
ABC	CD	BCD	ABD	AC	BCD	ACD	ABCD	ABCD	CD	ABC	ABCD	ABD	ABC	ABCD
16	17	18	19	20	21	22	23	24	25	26	27	28	29	30
ACD	ABCD	ABCD	ABCD	ABC	CD	ABCD	BCD	ABD	BCD	ABCD	ABCD	AB	ABCD	AC
31	32	33	34	35	36	37	38	39	40					
ABCD	CD	ABCD	CD	ABCD	ABCD	BCD	ABCD	ABC	ABCD					